新装版 現代の古典

複素解析

楠 幸男 著

COMPLEX ANALYSIS

現代数学社

まえがき

本書は，月刊雑誌「Basic 数学」(現代数学社) の第 23 巻 (1990) 第 10 号から第 24 巻第 9 号まで 12 回にわたって連載された著者の「複素解析のすすめ」をまとめたものである．単行本にするにあたって若干の手直しのほかは本文は原則的に保存し，最後に便宜のためいくつかの定義や定理の証明などを付録としてつけ加えた．

この連続講義の目的は，あとから眺めてみても大体，第 1 章の「はじめに」に記した線に沿っているかと思うので，それを見ていただきたい．ちなみに，本書の内容は本質的には著者の京大理学部 (一部は大学院) における長年の講義に基づいているが，上述の目的のために，より易しく，より見通しよくするように工夫した積りである．なお，読者に一息入れていただくために設けた「コーヒー・ブレイク」欄は数学史に関するものであり，各章の内容との関連を考えながら，複素解析 (同時に近代数学) の基礎を築いた，或いは大いに飛躍させた数学者達の生涯を手短に語ったものである．

終りに，数学史の部分は京都大学名誉教授小堀憲先生に負うところ大であり，ここに篤く御礼申し上げたい．また，原稿を精読して貴重な注意を与えられた畏友西田和夫君，及び本書の命名ほかいろいろ御世話下さった現代数学社の富田栄氏にも深謝したい．

1992 年 2 月京都岩倉にて

今回の新装版発刊を機会にミスプリの訂正をし，より読みやすくなるように務めた．お世話になった現代数学社の富田淳氏に改めて御礼申し上げます．

2020 年 7 月京都岩倉にて

著　者

目　次

第 1 章　複素数の生いたち

はじめに

複素解析とは“Complex analysis”の訳であるが，この名称は比較的新しく，余りなじみのない方もあるかも知れません．実際，少くとも第二次世界大戦以前にはそのような言葉はなく，それは通常「函数論」あるいは「複素（変数）函数論」と呼ばれていた．ところで戦後急速にこの分野の手法や内容が豊富になり応用や関連分野も拡ってきた．このような情勢の初期に，ハーバード大学教授のアールフォルス（Lars Valerian Ahlfors，1907～；第一回のフィールズ賞（1936）の受賞者）が新しい感覚と抱負をもって函数論の教科書を書いた．初版は1953年でその題名がComplex analysisであった．複素解析というのは函数論というより少し広いニュアンスを含んだ新しい時代の名称にふさわしく，それ以来次第に定着してきたようである．

さて，その複素解析学の内容を一口に易しくいうならば，「複素数を変数とする関数の微分積分学」といえよう．それではなぜ，ニュートンから始った実数を変数とする関数のいわゆる「微分積分学」だけではいけないのか，或いはじっさいその両者はそんなに違うものかと問われるかも知れない．それに答えるのがこのシリーズの一つの目的である．

著者はこの目的を念頭におき，最近の関連した話題も考慮に入れながら，複素解析の美しい諸結果とその応用方面の一端を紹介し，この見事な世界を是非見ていただきたいと思ったのである．教科書ではないので多少の省略，簡略化や重複はあるとは思うが，基本的重要事項には必ずふれ，ときには違う角度からも眺めるので，教科書の副読本として或いはゼミにも利用できるであろう．とにかく毎回が大体独立に読めるよう工夫すると共に，雑談や数学史の断片も入れて楽しく通読していただけるようにしたい．

なお問題は特に精選したものではないが，理解を深めるため精々チャレンジしていただきたい．＊印は関連した定理や興味ある結果であり，問題としては一般に難しいであろう．

1．複素数の芽ばえ

実数については周知として，複素数の話から始めよう．x が実数ならば $x^2 \geqq 0$ であるから $x^2+1 \geqq 1$，よって 2 次方程式 $x^2+1=0$ の実数解は存在しない．従って，もし我々がいま実数だけしか知らない時代にいるとしたら，その方程式は解けないものと考えるのが普通であろう．一方，一般の 2 次方程式 $ax^2+bx+c=0$ $(a \neq 0)$ を形式的に解いて

$$x=\frac{-b \pm \sqrt{b^2-4ac}}{2a}$$

コーヒーブレイク

3 次方程式　数学史によると，イタリアのボローニア大学（11世紀創設と推定され，パリー大学とともに世界最古の大学）の数学の教授デル・フェルロ（Scipione del Ferro, 1465–1526）が 3 次方程式の解法を見つけた．それをいつどのようにして発見したかは分らないが，解法を門人のフロリド（Antonio Maria Florido）にだけ教えていた．その頃フォンタナ（Niccolo Fontana 1500？–1557）（タルタリヤ，Tartaglia，ともいう）も 3 次方程式を研究していた．彼は数学を独学で勉強し研究にはげんだのでヴェローナ大学へ，そして後にヴェネツィア大学の教授に招かれた．3 次方程式の解法を教えてほしい人達が相ついで彼を尋ねた．その一人がカルダノであった．カルダノの執ような頼みにフォンタナはついに，他人にはもらさないという約束のもとで教えた．ところがカルダノは約束を破り，1545年刊行の代数学の本（Ars Magna）に公表してしまった．その本の中で彼は自分が解法の最初の発見者でないことは認めているが，後世では「カルダノの公式」と名づけている．この解法を記しておこう．

一般な 3 次方程式 $az^3+bz^2+cz+d=0$ $(a \neq 0)$ は，$z=w-b/3a$ と置くと，

という公式をつくると, b^2-4ac が負のとき, 知らぬ間に負数の平方根というその時代では意味のない「仮の存在の数」(虚数) が顔をだす. そうして, ごく少数の好奇心の強い人達がその虚数の正体を明らかにしたいと思ったであろう. ついでだから言っておこう：

"好奇心は発見の第一歩である"

ところが, 少しやってみて,

$$0=\sqrt{-1}\sqrt{-1}+1=\sqrt{(-1)(-1)}+1$$
$$=\sqrt{1}+1=1+1=2$$

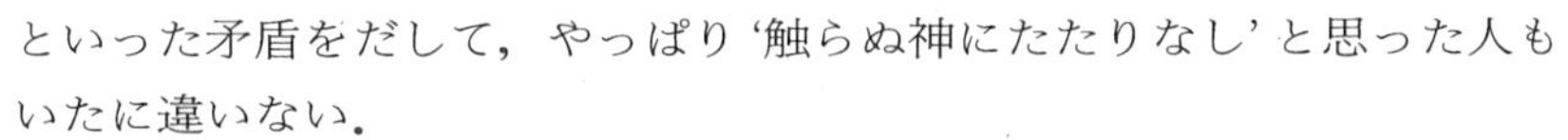

といった矛盾をだして, やっぱり'触らぬ神にたたりなし'と思った人もいたに違いない.

さて話を16世紀にもどそう. 16世紀の前半イタリアでは, 秘密裏に3次或いは4次の代数方程式の解法を研究する人達がいた. 先駆者はいたが, ともかく3次方程式の解法を最初に公表したのはカルダノ (Ger-

---

2次の項が消えて

$$w^3+pw+q=0$$

という形になる. これを解く. このために

$$u+v=w,\quad uv=-p/3$$

をみたす未知数 u, v を考えると, $u^3+v^3=(u+v)^3-3uv(u+v)=w^3+pw=-q$, $u^3v^3=-p^3/27$ となるから, u^3, v^3 は2次方程式 $x^2+qx-p^3/27=0$ の2根である. x_1, x_2 をその解とする：

$$x_1=-\frac{q}{2}+\sqrt{\frac{q^2}{4}+\frac{p^3}{27}},\quad x_2=-\frac{q}{2}-\sqrt{\frac{q^2}{4}+\frac{p^3}{27}}$$

$u^3=x_1$, $v^3=x_2$ としてよい. $\sqrt[3]{x_1}$ を x_1 の3乗根の一つとすると u の3つの値は, $u=\sqrt[3]{x_1}$, $\omega\sqrt[3]{x_1}$, $\omega^2\sqrt[3]{x_1}$ (但し $\omega=(-1+\sqrt{3}i)/2$ は1の3乗根の一つ). $uv=-p/3$ ゆえ v は u によってきまる. いま, x_2 の3乗根の一つ $\sqrt[3]{x_2}$ を, $\sqrt[3]{x_1}\sqrt[3]{x_2}=-p/3$ なるように選ぶと, 結局, 解は

$$w_1=\sqrt[3]{x_1}+\sqrt[3]{x_2},\quad w_2=\omega\sqrt[3]{x_1}+\omega^2\sqrt[3]{x_2},\quad w_3=\omega^2\sqrt[3]{x_1}+\omega\sqrt[3]{x_2}$$

である！

onimo Cardano, 1501-1576)で，1545年である．そして4次方程式の解法は彼の門人フェルラリ（Ludovico Ferrari, 1522-1560）がえた．いずれの場合も，その解は与えられた方程式の係数に加減乗除と累乗根をとる演算によってえられる式で表わされる．その公式を見れば分るように(コーヒーブレイク欄)，2次方程式の場合のように虚数が形式上また顔を出してくる．こうしてだんだん虚数を無視するより形式的にせよ使う方向が出てきたように想像される．しかしその後100年近く虚数に関する見るべき成果は知られていない．18世紀に入り，1707年と1730年にド・モアブル（Abraham de Moivre, 1667-1754）が，今日ド・モアブルの公式と呼ばれる関係

$$(\cos\theta+\sqrt{-1}\sin\theta)^n=\cos n\theta+\sqrt{-1}\sin n\theta$$

(nは正の整数)を本質的に示している．nが負の整数でも成り立つことは，次の有名なオイレルの公式

$$e^{\sqrt{-1}\,x}=\cos x+\sqrt{-1}\sin x$$

ハミルトン　Sir William Rowan Hamilton

ハミルトンは1805年，アイルランドのダブリンで生れる．12歳のとき母が，2年後には父もなくなる．早くから伯父の外国語教育を受け，13歳のとき既に十数ケ国語をマスターしていた．ニュートンの仕事にひかれて数学を専攻，ダブリンのトリニティ・カレッジの在学中，22歳でカレッジの天文学の教授に選ばれた．28歳のとき複素数の公理化の論文を提出した(本文)．彼は光学や力学など理論物理学にも重要な貢献をした．特にハミルトンの原理，ハミルトンの正準運動方程式などで解析力学の基礎を確立した．数学では，先に述べた複素数の考え方を，$a+bi+cj$という順序のついた組を考えて3次元に拡張しようと努力したがうまくゆかなかった．そうして約10年経ったある日，彼はダブリンの町を歩いていて，ふとひらめきがあった．すなわち3つの組ではなくて4つの組$a+bi+cj+dk$を考え，積の交換性をすてるということに気がついた．それが4元数（本文）であった．感激した彼は，ブルーアム橋の石に「$i^2=j^2=k^2=ijk$」と書きつけたという．「4元数講義」(1853)及び死後出版された「4元数原理」*The elements of quaternions*（1866）の著作がある．

からも分る．この公式はオイレル（Leonhard Euler，1707-1783）の著書「無限の解析入門」*Introductio in analysin infinitorum*（1748）に出ている．このような虚数のベキ乗を考えたのはオイレルが最初で，既に1740年，ジャン・ベルヌイへの手紙に $e^{\sqrt{-1}x}+e^{-\sqrt{-1}x}=2\cos x$ という式を書いている．またオイレルは $\sqrt{-1}$ に対して記号 i を導入した(晩年の1777年)．彼は $a+ib$ という形の数（複素数）を含む多くの形式的計算をしたが，複素数が数としての市民権をうるには19世紀を待たねばならなかった．

2．複素数の幾何学的表現

複素数の幾何学的表現が18世紀末から試みられてきた．ノルウェーのウエッセル（Caspar Wessel，1745-1818）や，スイスのアルガン（Jean Robert Argand，1768-1822）の試みがあったが，最も端的な表現はガウス（Karl Friedrich von Gauss，1777-1855）が1811年ベッセルに宛てた手紙に記されている．すなわち彼は，すべての実数が一つの直線上の点で表わすことができるように，すべての複素数 $a+ib$ は平面上の座標が (a, b) の点(直交軸の横座標が a，縦座標が b の点)で表わすことができることを述べている．このように複素数を表現すると考えた平面を今日，**複素平面**或いは**ガウス平面**という．複素数の幾何学的表現によって，これ迄仮の存在であった虚数に対する人々の考えは変ってきた．“百聞は一見にしかず” か？

さらに複素数の幾何学的表現に関連したことがらを述べる前に，当時の複素数の計算はどうしていたかというと，文字 $i=\sqrt{-1}$ をあたかも実数のように思って計算し，i^2 が出てくればそれを -1 とおきかえるのである．例えば２つの複素数 $a+ib$, $c+id$ の和差積商はそうして計算すると

$$(a+ib)+(c+id)=(a+c)+i(b+d)$$

$$(a+ib)\cdot(c+id)=(ac-bd)+i(ad+bc)$$

$$\frac{a+ib}{c+id}=\frac{ac+bd}{c^2+d^2}+i\frac{bc-ad}{c^2+d^2}\qquad(c \text{ 又は } d\neq 0)$$

という複素数になる．但し第三式は左辺の分母分子に $c-id$ を掛けた．

ここでガウス平面を用いると，２つの複素数 $z_1=x_1+iy_1$，$z_2=x_2+iy_2$ の

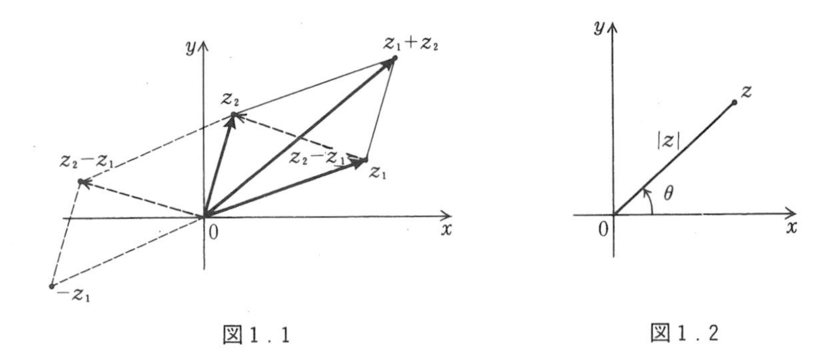

図1．1　　　　図1．2

和は $z_1+z_2=(x_1+x_2)+i(y_1+y_2)$ ゆえ，図1．1のように $0z_1$，$0z_2$ を二辺とする平行四辺形の原点からの対角線の終点が z_1+z_2 になる．これは2つのベクトル $\overrightarrow{0z_1}$，$\overrightarrow{0z_2}$ の加法と同じ結果になっている．従って複素数 $z=x+iy$ は原点0から平面上の点 (x, y) へのベクトル $\overrightarrow{0z}$ とも考えられる．このベクトルの大きさを複素数 z の**絶対値**といい，$|z|$ と表わす．すなわち

$$|z|=\sqrt{x^2+y^2}$$

である．

また，正の x 軸から $\overrightarrow{0z}$ へ測った角 θ を z の**偏角**(argument)といい，

$$\theta=\arg z$$

と書く．これは 2π の整数倍を除いて定まる．$r=|z|$ とすると $x=r\cos\theta$，$y=r\sin\theta$ であるから複素数の極形式

$$z=r(\cos\theta+i\sin\theta),\quad r=|z|,\quad \theta=\arg z$$

をうる．複素数の絶対値については次の重要な「三角不等式」がなりたつ：

$$|z_1+z_2|\leqq|z_1|+|z_2|$$

これは計算で分るが（問題4参照）図1．1を見れば，三角形の一辺の長さが他の二辺の長さの和より小さいことを述べており，また等号の成立する場合も分る．

先に述べたように，$|z_1-z_2|$ は z_1 から z_2 への距離を表わすから，例えば点 z_0 を中心とし，半径 r の円(周）は

$$\{z|\,|z-z_0|=r\}$$

という集合の形で書ける．また集合

$$\{z \mid |z-z_0|<r\}$$

は z_0 を中心とし，半径 r の開円板（z_0 の $r-$ 近傍ともいう）を表わす．

2つの複素数 $z_1=r_1(\cos\theta_1+i\sin\theta_1)$，$z_2=r_2(\cos\theta_2+i\sin\theta_2)$ の積を考えると，$z_1z_2=r_1r_2[(\cos\theta_1\cos\theta_2-\sin\theta_1\sin\theta_2)+i(\sin\theta_1\cos\theta_2+\cos\theta_1\sin\theta_2)]=r_1r_2[\cos(\theta_1+\theta_2)+i\sin(\theta_1+\theta_2)]$．これより，次のことが分る：

$$|z_1z_2|=|z_1|\,|z_2|$$

$$\arg(z_1z_2)=\arg z_1+\arg z_2, \qquad (\mathrm{mod}\ 2\pi)$$

mod 2π は 2π の整数倍を除く意味である．この公式は n 個の積に対しても拡張できることは容易であろう．商の場合は，$\dfrac{1}{z}\cdot z=1$ から $|1/z|=1/|z|$，$\arg(1/z)=-\arg z$ となるから

$$\left|\frac{z_1}{z_2}\right|=\frac{|z_1|}{|z_2|}$$

$$\arg\frac{z_1}{z_2}=\arg z_1-\arg z_2 \qquad (\mathrm{mod}\ 2\pi)$$

となる．応用として，$z_1=z_2=\cdots=z_n=(\cos\theta+i\sin\theta)$ とすれば，**ド・モアブルの公式**

$$(\cos\theta+i\sin\theta)^n=\cos n\theta+i\sin n\theta$$

が，正又は負の整数 n に対して成立することが分る．

次に複素数 $z=x+iy$ に対して，x，y をそれぞれ z の**実部**，**虚部**といい $x=\mathrm{Re}\,z$，$y=\mathrm{Im}\,z$ とかく．また z に対して $x-iy$ を z の**共役**(conjugate) 複素数といい $\bar{z}$ と書く．複素平面上，点 $\bar{z}$ は x 軸（実軸）に関して z と対称な点である．$z+\bar{z}=2\,\mathrm{Re}\,z$，$z\bar{z}=|z|^2$ は実数である．

容易な計算から，二つの複素数 α，β に対して，

$$\overline{\alpha+\beta}=\bar{\alpha}+\bar{\beta}, \quad \overline{\alpha\beta}=\bar{\alpha}\,\bar{\beta}$$

そして第二式から $\overline{\alpha^n}=(\bar{\alpha})^n$（$n$ は正の整数）も分る．この応用として次のことを示そう．z について n 次の代数方程式

$$P(z)=a_0z^n+a_1z^{n-1}+\cdots+a_{n-1}z+a_n=0$$

において係数 a_i がすべて実数のとき，もし z_o がその一つの解ならば，$\overline{z_0}$ もその解である．実際，

$$\begin{aligned}0=\overline{P(z_0)}&=\overline{a_0z_0^n+a_1z_0^{n-1}+\cdots+a_n}\\&=\overline{a_0}\ \overline{z_0^n}+\overline{a_1}\ \overline{z_0^{n-1}}+\cdots+\overline{a_n}\\&=a_0(\bar{z}_0)^n+a_1(\bar{z}_0)^{n-1}+\cdots+a_n\end{aligned}$$

従って $\bar{z}_0$ も $P(z)=0$ の解である．z_0 が実数でなければ $\bar{z}_0 \neq z_0$ であり，$P(z)$ は $(z-z_0)(z-\bar{z}_0)=z^2-(z_0+\bar{z}_0)z+z_0\bar{z}_0$ という実係数の 2 次式を因数にもつことも分った．

ちなみに，共役な虚数の概念は特殊ながら，ボムベルリ (Rafael Bombelli, 1526-1573) に見られる．3 次方程式 $x^3=15x+4$ は明らかに $x=4$ と 2 つの実数解をもつ．一方これをカルダノの公式で解くと，$x=\sqrt[3]{2+\sqrt{-121}}+\sqrt[3]{2-\sqrt{-121}}$ が 4 でないといけない．彼はこれを考え，$2+b\sqrt{-1}$ を $2+\sqrt{-121}$ の 3 乗根の一つとすると $b=1$ となり，第 2 項は(それに共役な) $2-\sqrt{-1}$ となるので，加えて 4 になることを述べている．

3．複素数系の確立

複素数を数の体系として確立する複素数の公理化は，ガウス (1831) 及びハミルトンの論文 (1833) によって与えられた．これを示すために，実数の対（つい） (a, b) を**複素数**と名づけ，次の定義を与える；

i) 二つの複素数 (a, b)，(c, d) が等しい，すなわち $(a, b)=(c, d)$ であるのは，$a=c$ かつ $b=d$ のときに限る．

ii) (a, b) と (c, d) の和は：

$$(a, b)+(c, d)=(a+c, b+d)$$

iii) (a, b) と (c, d) の積は：

$$(a, b)(c, d)=(ac-bd, ad+bc)$$

と定義する．そうすると任意の複素数 A, B, C に対して実数と同じ計算法則：

$$A+B=B+A, \quad AB=BA \qquad \text{(交換法則)}$$

$$(A+B)+C=A+(B+C), \quad (AB)C=A(BC) \qquad \text{(結合法則)}$$

$$A(B+C)=AB+AC \qquad \text{(分配法則)}$$

が成立することが分る．減法と除法はそれぞれ加法と乗法の逆の演算として導かれる．すなわち $A=(a, a')$, $B=(b, b')$ に対して，$A+X=B$ となる複素数 X は $(b-a, b'-a')$ であり，$X=B-A$ とかく．$B=(0, 0)$ のとき $(0, 0)-A$ を単に $-A$ と書く．除法は，$AX=B$ をみたす X を求めることであり，$A \neq (0, 0)$ ならば，

$$X=\left(\frac{ab+a'b'}{a^2+a'^2},\frac{ab'-a'b}{a^2+a'^2}\right)$$

であり，この X を $\dfrac{B}{A}(=B/A)$ と書く．

次に $(a,0)$ という特別の形の複素数を考えると，

$$(a,0)\pm(b,0)=(a\pm b,0)$$
$$(a,0)(b,0)=(ab,0),$$
$$(a,0)/(b,0)=(a/b,0)\quad(b\neq0)$$

となり，実数 a，b の加減乗除に対応する．従って $(a,0)$ と実数 a とを同一視し，$(a,0)$ を単に a と書く．特別な複素数 $(0,1)$ を**虚数単位**といい，**記号** $\boldsymbol{i}$ で表わすと，

$$i^2=(0,1)(0,1)=(-1,0)=-1$$
$$(a,b)=(a,0)+(0,b)=(a,0)+(0,1)(b,0)$$
$$=a+ib$$

と書くことができるわけである．この書き方から，例えば $a+ib$ と $c+id$ の積は，iii) より

$$(a+ib)(c+id)=ac-bd+i(ad+bc)$$

と書ける．こうして，加減乗除については，i をあたかも実数と思って計算し，i^2 が出てくれば $i^2=-1$ と置くという古来の形式的計算法が正当化された．

誕生以来300年以上の複素数も多くの人達の努力によって，これでやっと市民権をえたといえるであろう．

4．複素数の位置付け

複素数にいたるまでの数の発見についてはいろいろの歴史があるが，それはそれとして，代数方程式からみると次のことがいえる．1次方程式 $x+a=b$ をつねに解くためには負数が必要である（負数の導入は16世紀である）．さらに整数 a,b に対して $ax+b=0\quad(a\neq0)$ をつねに解くためには有理数がいる．またこれまで見てきたように2次方程式をつねに解くためには複素数を導入しなければならなかった．それでは一般に n 次代数方程式を解くためにいくらでも新しい数の体系がいるのだろうか？　自然がうまく出来ていたのかどうか知らないが，「その必要はな

い．実又は複素係数の代数方程式は何次でもつねに複素数の範囲で解ける」ことを証明したのがガウスの学位論文（1799）であり，今日これを「代数学の基本定理」という（後程証明する（定理 6.3））．これで複素数の位置付けが大体お分りと思うが，話のついでに複素数以後のことに少しふれておこう．

複素数を含む数体系の最初の発見はハミルトン（1843年）で，**4 元数** (quaternion) と呼ばれるものである．それは 4 つの単位 $1, i, j, k$ を用いて

$$a+bi+cj+dk$$

の形に書くものである．但し a, b, c, d は実数である．そして i, j, k は次の規則を満たすものとする：

$$i^2=j^2=k^2=-1$$

$$jk=-kj=i,\quad ki=-ik=j,\quad ij=-ji=k$$

これから分るように 4 元数の積は交換法則を満たさない．$c=d=0$ の場合が複素数である．

ハミルトン以後，8 元数や一般な n 元数が論じられるようになった．しかし，そのような多元数の中で零因子（$x \neq 0, y \neq 0$ であって $xy=0$ となるもの）が存在しないのは，実数と複素数と 4 元数だけである（フロベニウスの定理）．さらに積の交換性を有するのは，実数と複素数のみである！

（参考文献） 数学史に関して

小堀　憲：数学史，朝倉書店，1956

小堀　憲：物語数学史，新潮社，1984

Carl B. Boyer : *A history of Mathematics*, John Wiley & Sons, Inc. 1968, Princeton Univ. Press, 1985

E.A. Grove and G. Ladas : *Introduction to complex variables*, Houghton Mifflin Company, Boston, 1974

問　題

1．次の値を求めよ．

i）$\dfrac{2+i}{1-i}$　　ii）$\left(\dfrac{-1+\sqrt{3}i}{2}\right)^3$　　iii）$\sqrt{1+i}$

2．α, β が複素数で，$\alpha+\beta$ 及び $\alpha\beta$ が実数になるのはどんな場合か．

3．次の集合を図示せよ．

i）$\left\{z \middle| 0<\arg z<\dfrac{\pi}{4}\right\}$　　　ii）$\left\{z \middle| \left|\dfrac{z+1}{z-1}\right|=2\right\}$

4．複素数 z_1, z_2 に対して，次式を証明せよ．

$$|z_1+z_2|^2=|z_1|^2+|z_2|^2+2\,\mathrm{Re}\,(z_1\bar{z}_2)$$
$$\leqq(|z_1|+|z_2|)^2$$

等号が成立するのはどういう場合か．

5．$a_j, b_j\ (j=1, 2, \cdots, n)$ は複素数とし，次の**コーシー・シュヴァルツの不等式**を示せ．

$$\left|\sum_{j=1}^{n} a_j b_j\right|^2 \leqq \sum_{j=1}^{n} |a_j|^2 \sum_{j=1}^{n} |b_j|^2$$

[実数 λ に関する2次式 $\sum_{j=1}^{n} (|a_j|-\lambda|b_j|)^2$ を考える]

6．正の整数 k に対して $\omega=\cos\dfrac{2\pi}{k}+i\sin\dfrac{2\pi}{k}$ とおくとき

i）$1, \omega, \omega^2, \cdots, \omega^{k-1}$ は1の k 乗根であることを示し，またそれらの点の位置を図示せよ．

ii）$1+\omega+\cdots+\omega^{k-1}=0$

7．$z=x+iy$ を複素数，j を4元数の単位（本文参照）とするとき，

i）$jz=\bar{z}j$

ii）$z+tj$（t は実数）の形の4元数の全体を S とするとき，S は写像 $q \mapsto jqj^{-1}$（$q\in S$）で不変であることを示せ．

また，$z+tj$ を3次元空間の点 (x, y, t) と同一視するとき，上の写像の幾何学的意味を述べよ．

冬の比良と琵琶湖

第 2 章　コーシー・リーマンの方程式

前章で述べた実数を含む数体系として確立された複素数を考え，それを一つの独立変数とする複素関数の微分積分学を展開してゆこう．まず本章は微分の話である．

複素変数の関数の微分は，形式的には実変数の場合と全く同様に無限小量の比の極限として定義するのであるが，それから生ずる関数の内在的性質がすっかり違ってくる．その本質をついたものが，いわゆるコーシー・リーマンの方程式である．

1．複素関数

複素数を表現する複素平面（ガウス平面）を $\boldsymbol{C}$ と書く．D を $\boldsymbol{C}$ 上の点の集合とし，D の各点（複素数）z に対して一つの複素数 w が対応しているとき，その対応関係 $f：z\to w$ を，D 上の**複素関数**といい，

(2.1)
$$w=f(z)$$

と書く．z を**独立変数**，w を**従属変数**，D を f の**定義域**という．もし z に対して 2 つ以上の複素数が対応しているとき f を「多価関数」という．これについては本シリーズで後程述べるが，多価関数でないことを注意するために（2.1）で定義した関数を「一価関数」と呼ぶこともある．

複素関数（2.1）は，各 $z=x+iy$ に複素数 $w=u+iv$ 従ってその実部 u，虚部 v が対応することを示すから，u，v は x，y（または z）の関数

(2.2)
$$u=u(x, y)(=u(z)),\qquad v=v(x, y)(=v(z))$$

と考えられる．また（2.1）は，（2.2）により x，y の複素数値関数

(2.3)
$$w=f(z)=u(x, y)+iv(x, y)$$

とも考えられる．(2.2)，(2.3) は，複素関数を実変数関数の立場から取

扱うもので通常の微分積分学の手法が使える点で極めて有用である．しかし，(2.1) のように一つの複素変数 z の関数と考えることによって本質的な差違が生じてくる．それは今後順次のべることにし，まず複素関数の簡単な例をあげよう．

例1．$w=f(z)=x^2-y^2+2ixy=z^2,\quad z=x+iy$

例2．$w=f(z)=x-iy=\bar{z}$

例3．$w=f(z)=x^2+y^2=|z|^2=z\cdot\bar{z}$

例4．$w=f(z)=e^x(\cos y+i\sin y)$，$e$ は自然対数の底

実変数の関数 $y=f(x)$ の幾何学的表現として，関数のグラフが大変有用なことは御存知の通りである．それでは複素関数 $w=f(z)$ のグラフは？　この場合，z および w が動く範囲がそれぞれ一般に 2 次元空間の集合であるから，グラフすなわち (2.1) を満足する数の組 (z, w) は一般に 4 次元空間の集合を動く．それを画くことはできないから，通常次のようにする．

独立変数 z が動く平面を **z 平面**といい，記号で $\boxed{z}$ とも書く．簡単な関数 $w=f(z)$ の場合，z に対応する値 w や，z 及び w が動く図形を同一の z 平面に画くこともあるが，通常，従属変数 w が動く図形は別の平面に

コーヒーブレイク

コーシー　Augustin Louis Cauchy　フランスの数学者．フランス革命が始まって間もない1789年 8 月21日パリーに生まれた．父は王政時代の高級官吏であった．世情騒然となり，ギロチンの恐怖からコーシー一家はパリー郊外のアルキュイに逃避し，そこで11年間過ごす．学校教育を受けることができなかった息子に父はラテン語とギリシャ語を教えた．1800年，父が元老院の書記官に採用され，コーシーもリセ（中等教育機関）で学ぶようになる．16歳でエコル・ポリテクニクに入学，在学中ラグランジュ，ラプラスやフーリエから数学上の大きい影響を受けた．

1814年に提出した定積分に関する論文以来の著しい業績によって，コーシーは27歳の若さで科学アカデミーに選ばれ，エコル・ポリテクニクの正教授

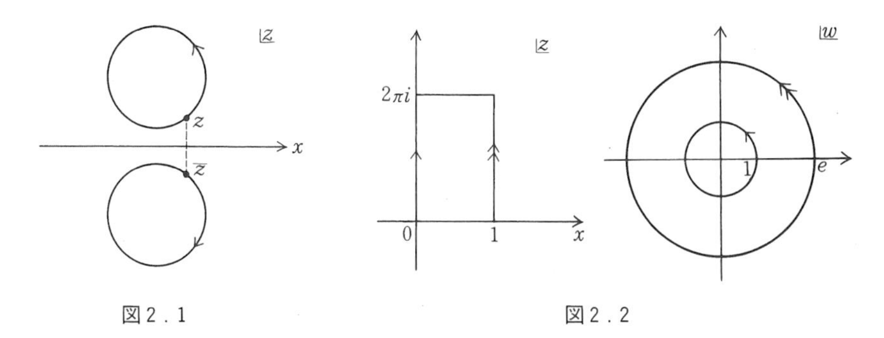

図2.1　　　　　　　　図2.2

画く．前者の例として，例2の関数 $w=\bar{z}$ に対して，z が円を動くと w は実軸（x 軸）に関して対称な円を画く（図2．1）．次に例4の関数の場合，難しい関数ではないが，像は別の平面に画くとその対応がはっきりする．たとえば，z が図2．2のような長方形を動くとき，その像 $w=e^x(\cos y+i\sin y)$ は w 平面上の同心円をえがき，長方形の内部は同心円の内部に対応する．但し長方形の上下の辺は w 平面の線分［$1, e$］に対応する．

になった．しかし政情不安定な時代は続き，1830年には七月革命がおこり，ルイ・フィリップが王位についたが，コーシーは新政府に忠誠を誓うことを拒んだ．彼はフランスを離れ，トリノ大学で講義したりなどして8年後パリーに戻ったが公職にはつけなかった．1852年ナポレオン三世が即位してから，コーシーは公職に復帰することが許されたが，まもなく気管支炎がもとで1857年5月23日なくなった．

コーシーは近代解析学の基礎を築いた人である．その解析学は関数の定義から始まり，無限小の解析的定義，そして極限値による微分可能性の概念，積分法の理論的基礎付けを与え発展させた．彼はとくに複素関数論が好きで，「コーシーの積分定理」を初めとする不朽の業績をあげた．コーシーはオイレル以来の多作な数学者であり，数学のいろいろな分野にわたり一万数千ページにおよぶ業績を残した．

2．極限と連続

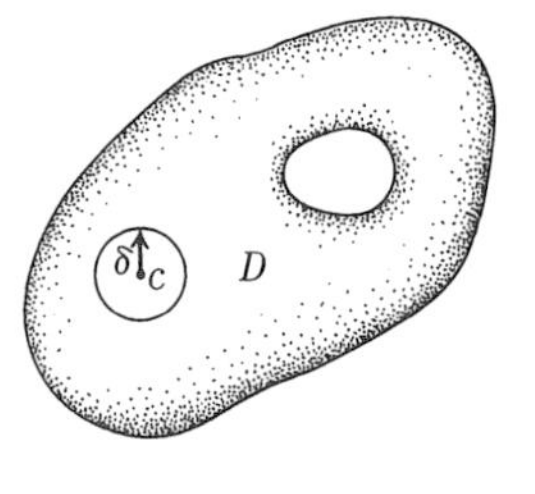

図 2．3

複素関数 $w=f(z)$ の一点 c における極限値および連続性の定義に移ろう．いま $f(z)$ の定義域を D とし，D は開集合としよう．[念のため，D が**開集合**というのは，D のすべての点 c が D の**内点**，すなわち円板 $\{z||z-c|<\delta\}\subset D$ となる正の数 δ が存在することである] さて，複素関数 $f(z)$ が点 $c\in D$ で，ある**極限値** λ をもつというのは，任意に与えた正数 ε に対して，ある正数 δ が存在し，$0<|z-c|<\delta$ を満足するすべての $z\in D$ に対して

$$|f(z)-\lambda|<\varepsilon$$

が成り立つことと定義する．そしてこのとき

$$\lim_{z\to c}f(z)=\lambda \text{ または } \quad f(z)\to\lambda \quad (z\to c)$$

と書く．$f(z)\to\lambda$，$g(z)\to\mu$　$(z\to c)$ ならば，$z\to c$ のとき

i) $f(z)+g(z)\to\lambda+\mu$

ii) $f(z)g(z)\to\lambda\mu$

iii) $\mu\neq 0$ ならば $1/g(z)\to 1/\mu$

である．つぎに，$c\in D$ に対して

$$\lim_{z\to c}f(z)=f(c)$$

が成り立つとき，$f(z)$ は点 $z=c$ で**連続**であるという．もし D のすべての点で連続であるとき，$f(z)$ は D で連続であるという．

例　前節の例 1 ～ 4 の関数は全平面 $\boldsymbol{C}$ で連続である．

例 4 の関数についてのみ証明する．まず，$z=x+iy$ が点 $c=a+ib$ に限りなく近づく：$z\to c$ であることと，$x\to a$ かつ $y\to b$ とは同値であることを注意する．それは，

$$(2.4)\qquad \begin{aligned} &|z-c|=|(x-a)+i(y-b)|\leqq|x-a|+|y-b| \\ &|x-a|\leqq|z-c|,\quad |y-b|\leqq|z-c| \end{aligned}$$

であるから．さて実関数 e^x 及び $\cos y$，$\sin y$ はそれぞれ x，y について連続であることを知っているから，$e^x\to e^a(x\to a)$，$\cos y\to\cos b$，$\sin y\to\sin b(y\to b)$，よって上の注意と i) ii) により

$$f(z)=e^x(\cos y+i\sin y)\to e^a(\cos b+i\sin b)=f(c) \qquad (z\to c)$$

すなわち $f(z)$ は任意の点 c で連続である．

2つの連続関数の和 $f(z)+g(z)$，積 $f(z)g(z)$ はまた連続，商 $f(z)/g(z)$ は $g(z)\neq 0$ なる点 z で連続である．また，$\mathrm{Re}\, f(z)$，$\mathrm{Im}\, f(z)$ や $|f(z)|$ も連続関数である．

3．コーシー・リーマンの方程式

$f(z)$ は開集合 D で定義された複素関数とし，c を D の一点とする．もし，極限値

$$\lim_{z\to c}\frac{f(z)-f(c)}{z-c}=\lambda$$

が存在するならば，$f(z)$ は点 c で**微分可能**であるという．そして λ を $f(z)$ の c における**微分係数**といい，

$$f'(c) \text{ または } \frac{df}{dz}(c)$$

と書く．

'$f(z)$ が $z=c$ で微分可能ならば，f は c で連続である'

じっさい，$z\to c$ ならば

$$f(z)-f(c)=\frac{f(z)-f(c)}{z-c}(z-c)\to\lambda\cdot 0=0,$$

すなわち $f(z)\to f(c)$，よって c で連続である．

しかしこの逆は成立しない．その例をあげよう．

例　$f(z)=x-iy=\bar{z}$ は連続であるが，任意の点 c で微分可能ではない．

［証明］　$f(z)-f(c)=\bar{z}-\bar{c}=\overline{(z-c)}\to 0(z\to c)$ ゆえ連続．次に $z-c=r(\cos\theta+i\sin\theta)$ とおくと，$f(z)-f(c)=r(\cos\theta-i\sin\theta)$ ゆえ，$(f(z)-f(c))/(z-c)=(\cos\theta-i\sin\theta)^2=\cos 2\theta-i\sin 2\theta$．この値は $r\to 0$ として $z\to c$（図2．4）のとき，角 θ ごとに違う値に近づく．よって f は c で微分可能ではない！（x, y に関して何回でも（偏）微分可能なこの簡単な関数が，z に関してはどの点においても微分可能ではない）

関数 $f(z)=x^2+y^2$　（**1**．例3）も連続であるが，$z=0$ を除くすべての点で微分可能ではない．

さて，$f(z)$ が $z=c$ で微分可能である，すなわち

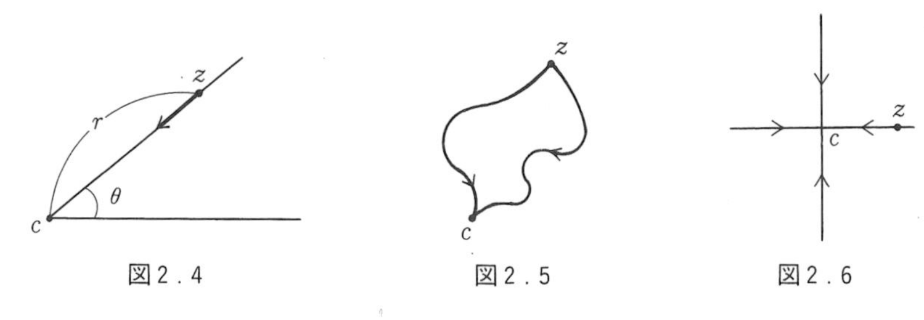

図2．4　　図2．5　　図2．6

(2.5)
$$\lim_{z\to c}\frac{f(z)-f(c)}{z-c}=f'(c)$$

という条件をさらに精しく調べよう．点 z が c に近づく道（曲線）は無数にあるが（図2．5参照）上の極限値の存在は，その近づき方には無関係であることを要請している．従って特に $z=x+iy$ が水平方向から $c=a+ib$ に近づく（図2．6），すなわち $y=b$，$z-c=h$ は実数で $h\to 0$ とすると，$f(z)=u(x,y)+iv(x,y)$ に対して（2.5）より

(2.6)
$$f'(c)=\lim_{h\to 0}\frac{f(c+h)-f(c)}{h}=f_x(c)$$
$$=u_x(a,b)+iv_x(a,b).$$

ただし f の x に関する偏微分 f_x は，$f_x=u_x+iv_x$ で定義する．f_y についても同様．次に z が垂直方向から c に近づく，すなわち $x=a$，$z-c=ik$（k は実数）で $k\to 0$ とすると

(2.7)
$$f'(c)=\lim_{k\to 0}\frac{f(c+ik)-f(c)}{ik}=-if_y(c)$$
$$=v_y(a,b)-iu_y(a,b).$$

従って（2.6），（2.7）より

(2.8)
$$f_x(c)+if_y(c)=0,$$

あるいは，実部と虚部にわけると

(2.8)′
$$u_x(a,b)=v_y(a,b)$$
$$u_y(a,b)=-v_x(a,b)$$

をうる．（2.8）あるいは（2.8)′ を**コーシー・リーマンの方程式**（あるいは**関係式**）という．まとめると，

定理　$f(z)=u(x,y)+iv(x,y)$ が $z=c$ で微分可能ならば，コーシー・リーマンの方程式（2.8），（2.8)′ が成立する．逆に，点 c の近傍で x,y の関数として C^1 級の関数 f に対して（2.8），あるいは（2.8)′ が成立するならば，f は c で微分可能である．

一般に関数 $\varphi(x, y)$ が C^k **級**とは，φ の k 階迄の偏導関数がすべて存在して連続なことである．上の定理の逆の部分は，C^1 級の関数は全微分可能であることを用いて証明される（問題8）．

例　$f(z)=e^x(\cos y+i\sin y)$ は（z について）微分可能である．

［証明］　f は明らかに C^1 級であり，$f_x=e^x(\cos y+i\sin y)$，$f_y=e^x(-\sin y+i\cos y)$．ゆえに $f_x+if_y=0$．従って上の定理により f は微分可能である．そして (2.6) より

$$f'(z)=u_x+iv_x=e^x\cos y+ie^x\sin y=f(z).$$

この f は，次章で述べる z の指数関数である．

開集合 D のすべての点で微分可能な関数 $f(z)$ は D で**正則**（regular, holomorphic），または**解析的**（analytic）であるという．このとき D の各点 z に値 $f'(z)$ を対応させる関数を $f(z)$ の**導関数**という．正則関数の導関数はまた正則になることが後程示される．従って正則関数は何回でも微分可能，すなわち C^∞ 級になる．

次にコーシー・リーマンの方程式の直接的な二三の応用について述べる：

1）$f(z)=u(x, y)+iv(x, y)$ が正則ならば，(u, v) の (x, y) に関するヤコビアンは，(2.6)，(2.8)′ により

$$\frac{\partial(u, v)}{\partial(x, y)}=\begin{vmatrix} u_x & u_y \\ v_x & v_y \end{vmatrix}=u_xv_y-u_yv_x$$

$$=u_x^2+v_x^2 \tag{2.9}$$

$$=|f'(z)|^2$$

と表わされ，従ってまたそれは負にならないことも分る．

2）領域 D 上の正則関数 f が次の方程式のどれかを満足するならば定数である：

(i)　$f'(z)=0$,　$z\in D$

(ii)　$|f(z)|=0$,　$z\in D$

(iii)　$\mathrm{Re}\, f(z)=0$,　$z\in D$

(iv)　$\mathrm{Im}\, f(z)=0$,　$z\in D$

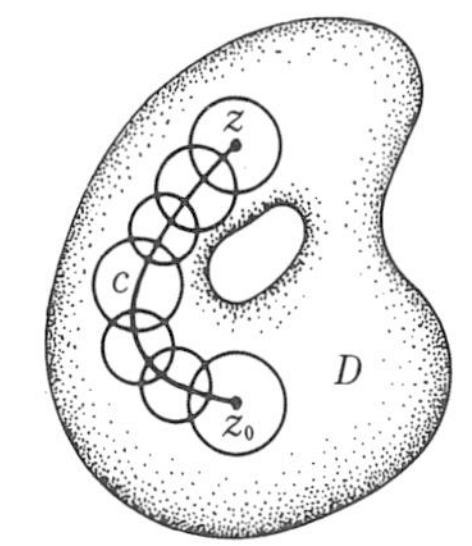

図2.7

但し，D が**領域**とは開集合でかつ**連結**，すなわち‘D の任意の2点は D 内の曲線で結べる’集合である．(i)だけ証明し，他は読者にまかそう．$f'=$

0 ならば(2.6)，(2.8)′ より $u_x=u_y=v_x=v_y=0$．これより，2 変数の平均値の定理（或いは積分の方法）によって u，v は D の各点の（円）近傍で定数であることが分る．ところで D は連結ゆえ，D の任意の点 z は固定した一点 $z_0\in D$ と D 内の曲線 c で結べ，また f は D で連続であるからその定数はすべて等しい（図 2．7 参照）

3）$f(z)=u(x,y)+iv(x,y)$ が正則ならば，曲線族

(2.10)　　$u(x,y)=c,\ \ v(x,y)=c'$　　（c, c' は任意定数）

は $f'(z)\neq 0$ なるすべての点で互いに直交する．

［証明］ $f'(z)\neq 0$ なる点では $u_x^2+u_y^2=v_x^2+v_y^2=|f'(z)|^2\neq 0$ ゆえ，その点における（2.10）の法線の方向比はそれぞれ

$$(u_x, u_y) \text{ および } (v_x, v_y)$$

である．（このような成分をもつベクトルを**勾配**(gradient)といい，grad u，grad v と書く）．さて（2.8）′ により

$$u_xv_x+u_yv_y=0.$$

これはその両法線が直交すること，従って両接線も直交することを示している．

なお，(2.10)のような曲線を**等高線**（level curve）という．それは地図の等高線と同じことで，$u=u(x,y)$ のグラフ(曲面)を，高さ一定の平面で切ったときの切口の曲線である．

例　$f(z)=z^2$ は正則で，$f'(z)=2z\neq 0(z\neq 0)$．このとき，$u=x^2-y^2$，$v=2xy$ の等高線 $x^2-y^2=c$(定数)，$2xy=c$ はすべて双曲線であって，互いに直交する（図 2．8）．

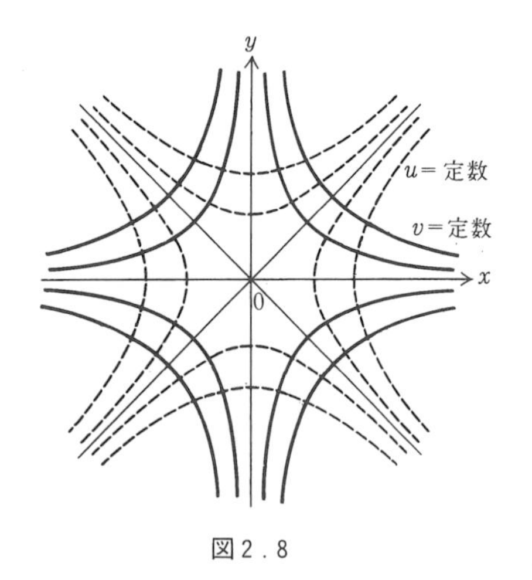

図 2．8

4．微分の計算

実関数の場合と全く同じように，複素関数 $f(z)$，$g(z)$ に対して次の公

式が成り立つ：

$$(f+g)'=f'+g',\quad (fg)'=f'g+fg'$$

$$\left(\frac{f}{g}\right)'=\frac{f'g-fg'}{g^2}\qquad (g\neq 0).$$

また，合成関数 $h(z)=g(f(z))=g\circ f(z)$ に対して

$$h'(z)=g'(f(z))f'(z)$$

である．従って正則関数の和，積や合成はまた正則であり，商も分母が0でない点を除いて正則である．

例　$\boldsymbol{n}$ 次の(複素)多項式

$$P(z)=a_0z^n+a_1z^{n-1}+\cdots+a_{n-1}z+a_n$$

は全平面 $\boldsymbol{C}$ で正則であり，導関数は

$$P'(z)=na_0z^{n-1}+(n-1)a_1z^{n-2}+\cdots+a_{n-1}$$

である．2つの多項式の商

$$R(z)=\frac{P(z)}{Q(z)}$$

を**有理関数**という．P と Q は共通因子をもたないとする．$Q(z)=0$ を満たす点 z を $R(z)$ の極という．R は $\boldsymbol{C}$ からその極を除いたところで正則であり，$R'=(P'Q-PQ')/Q^2$.

次に，複素数値関数 $f(z)=f(x,y)=u(x,y)+iv(x,y)$ の微分の計算に便利な微分演算子を導入しよう．

［定義］
$$\frac{\partial}{\partial z}=\frac{1}{2}\left(\frac{\partial}{\partial x}-i\frac{\partial}{\partial y}\right),\quad \frac{\partial}{\partial \bar{z}}=\frac{1}{2}\left(\frac{\partial}{\partial x}+i\frac{\partial}{\partial y}\right).$$

$\dfrac{\partial f}{\partial z}$, $\dfrac{\partial f}{\partial \bar{z}}$ を f の**複素微分（係数）**といい，$f_z, f_{\bar{z}}$ と書く．この書き方に従えば，コーシー・リーマンの方程式（2.8）は

$$f_{\bar{z}}(z)=0. \tag{2.11}$$

f が正則ならば（2.6）（2.7）より，$f_x-if_y=2f'$ ゆえ

$$f_z(z)=f'(z), \tag{2.12}$$

すなわち正則関数に対しては $\dfrac{\partial}{\partial z}$ と $\dfrac{d}{dz}$ は同一の演算である．一般に次式が成り立つ：

$$\overline{f_z(z)}=(\overline{f(z)})_{\bar{z}}. \tag{2.13}$$

それは $(\overline{f_z})=\dfrac{1}{2}(\overline{f_x-if_y})=\dfrac{1}{2}(\bar{f}_x+i\bar{f}_y)=\bar{f}_{\bar{z}}$ であるから．

複素微分の計算は，特に合成関数の場合に便利である．合成関数 $g\circ f(z)=g(u(x,y),v(x,y))$ の複素微分は

$$(g\circ f)_z=g_w(w)f_z+g_{\bar{w}}(w)\bar{f}_z$$
$$(g\circ f)_{\bar{z}}=g_w(w)f_{\bar{z}}+g_{\bar{w}}(w)\bar{f}_{\bar{z}}. \tag{2.14}$$

また，$f(z)=f(x,y)$ と $z=z(t)=x(t)+iy(t)$ の合成関数 $f\circ z(t)=f(x(t),y(t))$ の微分は

$$\frac{d}{dt}(f\circ z(t))=f_z(z)\frac{dz}{dt}+f_{\bar{z}}(z)\frac{d\bar{z}}{dt} \tag{2.15}$$

となる．

最後に，コーシー・リーマンの方程式の一つの拡張についてふれる．それは次の方程式である：

$$f_{\bar{z}}=\mu(z)f_z, \tag{2.16}$$

$\mu(z)$ は，$|\mu(z)|\leqq k<1$ を満足する (x,y) の関数である．これを**ベルトラミ方程式**という．(Eugenio Beltrami, 1835-1900)．それは $\mu(z)=0$ ならばコーシー・リーマンの方程式，すなわち正則関数を特徴付ける方程式である．ところで後に話すように，写像として一対一の正則関数は「等角写像」と呼ばれるものである．これに対し，（ほとんど至るところ）ベルトラミ方程式を満足する一対一連続な写像 f は「擬等角写像」と呼ばれるものであって，今日の複素解析学の最先端の話題の一つである．(第12章で詳しく述べる)

問　題

1．関数 $f(z)=\dfrac{1}{z}$　$(z\neq 0)$ の実部 u 及び虚部 v を求めよ．

次に等高線 $u(x,y)=c$，$v(x,y)=c'$（c, c' は定数）をえがけ．

2．$f(z)=u(x,y)+iv(x,y)$ のコーシー・リーマンの方程式は，極座標 $x=r\cos\theta$，$y=r\sin\theta$ を用いると

$$ru_r=v_\theta,\quad rv_r=-u_\theta$$

となることを示せ．

3．$f(z)$ が $\boldsymbol{C}$ で正則であるとき，

(i)　$\overline{f(z)}$ も正則ならば，f は定数である．

(ii) $\overline{f(\bar{z})}$ は正則である．

4．x, y の複素数値関数 $f(z)$ が C^1 級ならば

(i) $f(z)=f(z_0)+f_z(z_0)(z-z_0)+f_{\bar{z}}(z_0)(\bar{z}-\bar{z}_0)+\eta(z)(z-z_0)$,

ただし $\eta(z)\to 0(z\to z_0)$.

(ii) 写像 f のヤコビアンは，$|f_z|^2-|f_{\bar{z}}|^2$ に等しい．

(iii) 式 (2.14)，(2.15) を証明せよ．

5．アフィン変換 $f(x, y)=Kx+iy$ $(K>1)$ はコーシー・リーマンの方程式は満たさないが，ベルトラミ方程式を満足する．

6．$u(x, y)$ が C^2 級で，ラプラスの方程式 $\Delta u=u_{xx}+u_{yy}=0$ を満足するとき**調和関数**という．$f=u+iv$ が正則関数ならば u, v は C^∞ 級になる．このことを認めて，u, v は調和関数であることを示せ．

7．(i) $u(x, y)$ が C^2 級ならば，$\Delta u=4u_{z\bar{z}}$ と書ける．

(ii) $U(w)=U(u, v)$ が C^2 級，$w=f(z)=u+iv$ が正則ならば，$\Delta_z(U\circ f)=\Delta_w U\cdot|f'(z)|^2$.

8．$f(z)=u(x, y)+iv(x, y)$ が点 $c=a+ib$ の近傍で C^1 級とし，コーシー・リーマンの方程式をみたすならば，f は c で微分可能である．

梅林

第 3 章　複素級数と初等超越関数

本章は複素級数，とくにべき級数に関する話である．複素変数 z のべき級数はその収束域において正則関数を与えるので，具体的な正則関数として，これまでに知っている多項式などに較べて飛躍的に豊富な(超越)関数がえられることになる．ここではとくに指数関数や三角関数等の初等的超越関数とその性質を述べる．このあたりは一つのお花畠であろう．

読者は実数や実関数の級数についてある程度知っているであろう．複素数の場合も形式的には殆んど同じであるが一応最初から定義を述べ関連した諸定理を（殆んど証明なしに）書き並べた．退屈な読者はこれらの中で特に重要な一様収束とその判定法(定理 3.2)及びべき級数の基本定理(定理 3.4)を読んですぐ第 4 節に入ってもよいであろう．実数の場合と似て非なる点に注意しよう．

1．複素数の数列と級数

複素数の列 $z_1, z_2, \cdots, z_n, \cdots$ を考える．これを $\{z_n\}_{n=1}^{\infty}$ または単に $\{z_n\}$ と書く．この数列がある複素数 z_0 に**収束する**というのは，$|z_n-z_0|\to 0$ ($n\to\infty$)，すなわち任意の正数 ε に対してある自然数 N があり，すべての $n\geq N$ に対して

$$|z_n-z_0|<\varepsilon$$

が成り立つことである（図 3．1 参照）．このとき

$$z_n\to z_0\ (n\to\infty)$$

または

$$\lim_{n\to\infty} z_n=z_0$$

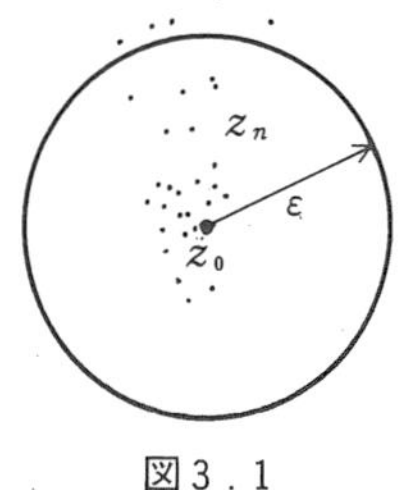

図 3．1

と書く．$z_n \to z_0$ $(n\to\infty)$ と，$\mathrm{Re}\, z_n \to \mathrm{Re}\, z_0$　かつ $\mathrm{Im}\, z_n \to \mathrm{Im}\, z_0$ $(n\to\infty)$ とは同値である．収束しない数列は**発散する**という．収束に関しては実数列の場合と同様次の**コーシーの(収束)定理**が基本的である：

定理 3.1　数列 $\{z_n\}$ が収束するための必要十分条件は，それが**コーシー列**であること，すなわち任意の正数 ε に対して自然数 N があり，すべての $m, n \geqq N$ に対して

$$|z_m - z_n| < \varepsilon$$

が成り立つことである．

次に複素数の級数 $z_1 + z_2 + \cdots + z_n + \cdots$ の収束はその部分和の収束で定義される．すなわち $s_n = z_1 + z_2 + \cdots + z_n$ とおき数列 $\{s_n\}$ がある複素数 s に収束するとき，級数 $\sum_{n=1}^{\infty} z_n$ は**収束する**といい，$s = \lim_{n\to\infty} s_n$ をその級数の**和**という．収束しない級数は**発散する**という．定理 3.1 より，

定理 3.1′　級数 $\sum z_n$ が収束するための必要十分条件は，任意の正数 ε に対して自然数 N があって，すべての $m > n \geqq N$ に対して

$$|z_{n+1} + z_{n+2} + \cdots + z_m| < \varepsilon$$

が成り立つことである．

コーヒーブレイク

オイレル　Leonhard Euler　　オイレルは1707年4月15日スイスのバーゼルで生まれる．父はカルヴァン派の牧師であった．オイレルはバーゼル大学卒業後19歳のとき「船のマストに関する研究」によってパリーの科学アカデミー賞を受ける．バーゼル大学では地位がえられずペテルスブルグ（現レニングラード）の科学アカデミーのベルヌイ（ダニエル，ニコラ）の招きでペテルスブルグにゆき研究する．1741年プロシヤのフリートリヒ大王の招きでベルリンの科学アカデミーに移る．ベルリンでは環境がよくぞくぞく研究成果を発表しヨーロッパ中に名声をえた．しかし1766年ロシアのエカテリーナ2世の懇請により再びペテルスブルグに帰った．オイレルは28歳で右眼を失明，ペテルスブルグに帰って間もなく左眼も失明した．しかし研究欲は衰えず驚くべき記憶力で終生研究を

系　$\sum_{n=1}^{\infty} z_n$ が収束するならば，

(i)　$z_n \to 0 \quad (n \to \infty)$

(ii)　$\{z_n\}$ は**有界**である．すなわち $|z_n| \leq M\ (n=1,2,\cdots)$ となる正数 M が存在する．

(iii)　$\sum z_n$ の任意の部分級数 $\sum z_{k_n}$ ($k_1 < k_2 < \cdots$，k_n は正整数) は収束する．

級数 $\sum z_n$ の**絶対値級数** $\sum |z_n|$ が収束するとき $\sum z_n$ は**絶対収束する**という．$|z_{n+1}+\cdots+z_m| \leq |z_{n+1}|+\cdots+|z_m|$ であるから絶対収束すれば $\sum z_n$ は収束する．この逆は成り立たない．例えば級数 $1-\dfrac{1}{2}+\dfrac{1}{3}-\cdots$ は収束するが，その絶対値級数 $1+\dfrac{1}{2}+\dfrac{1}{3}+\cdots$ は発散するから絶対収束でない．絶対収束級数の有用な性質は，絶対収束級数はその項の順序をどのようにかえても和は変らないことである．

例　複素級数 $\sum_{m=1}^{\infty} a_m = \alpha$，$\sum_{n=1}^{\infty} b_n = \beta$ が共に絶対収束するならば

続けた．彼は空前の多作な数学者であり，今日迄に彼の全集は既に60数巻刊行されているがいつ完結するとも知れない．1783年9月7日没．

オイレルの業績は数学，物理学，天体力学等多方面にわたっている．数学では特に解析学への貢献が著しい．1748年に刊行された「無限の解析入門」(2巻)で微分積分や複素数の巧妙な計算や応用を示した．これは18世紀さらに19世紀の解析学に影響を与えた名著として知られる．数学の他の分野では変分学，位相幾何学，整数論等に著しい貢献がある．オイレルの研究には，類推だけで証明がなかったり粗雑な論法のために例えば級数で間違った結果もあるが，逆にそれらが19世紀以降の厳密科学としての数学の確立への足がかりを与えたともいえる．

$$(3.1)\qquad \sum_{n=1}^{\infty}(a_nb_1+a_{n-1}b_2+\cdots+a_1b_n)=\alpha\beta$$

［証 明］ $c_n=a_nb_1+a_{n-1}b_2+\cdots+a_1b_n$ とすると $|c_1|+\cdots+|c_n|\leq T_n=(|a_1|+\cdots+|a_n|)(|b_1|+\cdots+|b_n|)\leq\sum|a_n|\cdot\sum|b_n|<\infty$. よって $\sum c_n$ は（絶対）収束する．$s=\sum c_n$ とし $s=\alpha\beta$ を示そう．c_n は図３．２の対角線（破線）上の数の和であり，$s_n=c_1+c_2+\cdots+c_n$ はその対角線の左上の三角形部分 $\varDelta_n$ にある数の和である．一方，$t_n=(a_1+\cdots+a_n)(b_1+\cdots+b_n)$ は図３．２の実線で囲まれた正方形部分 Q_n にある数の和である．さて $\{T_n\}$ は単調増大で有界ゆえ極限値をもつ．そして $Q_n\subset\varDelta_{2n}\subset Q_{2n}$ ゆえ，

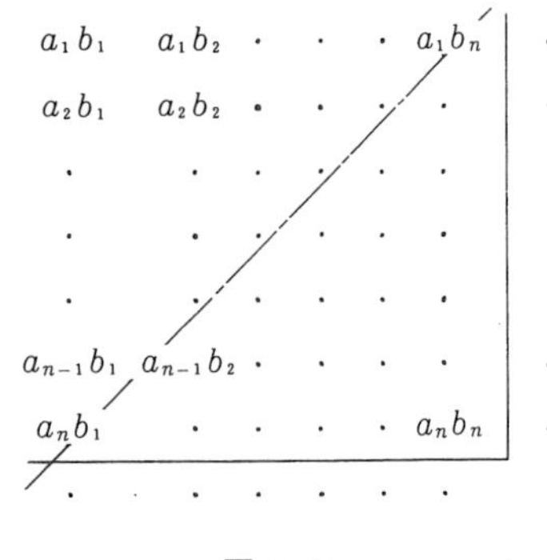

図３．２

$$|s_{2n}-t_n|\leq|T_{2n}-T_n|\to 0\qquad(n\to\infty).$$

ところで $t_n\to\alpha\beta(n\to\infty)$ ゆえ $s=\alpha\beta$.

2．複素関数の級数

複素平面上の集合 E で定義された複素関数の列 $\{f_n(z)\}$：$f_1(z), f_2(z), \cdots, f_n(z), \cdots$ を考える．これが E 上で**（各点）収束する**というのは，E の各点 z_0 で複素数列 $\{f_n(z_0)\}$ が収束することである．このとき

$$f(z)=\lim_{n\to\infty}f_n(z),\quad z\in E$$

を $\{f_n(z)\}$ の**極限関数**という．いま述べた $\{f_n(z)\}$ の収束は各点 $z_0\in E$ ごとに一般に相異なる数列 $\{f_n(z_0)\}$ の収束によって定義されるから，その収束の‘速さ’が各点ごとに違う．式でいうと，任意の $\varepsilon>0$ に対して

$$|f_n(z_0)-f(z_0)|<\varepsilon,\quad n>N$$

となる N が存在するが，この N は ε に依存するとともに点 z_0 にも関係する．ここでもし N が E の各点には無関係にえらべるとき $\{f_n(z)\}$ は E 上で $f(z)$ に**一様収束する**という．

——少し脱線するが，一様収束の概念は初めて学ぶ者にとって難物のようである．この概念を感じとして分るとかその定義を丸覚えすること

は簡単なことだと思うが，具体的問題になるとよく分っていないでとんだ間違いをする．一般的にいえることであるが，無限を取扱う場合直観だけに頼ってやるのは危険でありよく失敗する．ちなみに，無限級数の取扱いが直観的或いは単に形式的なためにオイレルやコーシーでさえ間違った結果を出していた．その原因を調べ収束の一様性に気付いたのはアーベルであり，彼の1825年頃の二項級数の研究にそれに相当することが見出される――

さてもどって，一様収束を使う基礎的な定理をあげよう：

集合 E 上で連続な関数列 $\{f_n(z)\}$ が E 上で一様収束するならば，その極限関数 $f(z)$ は E で連続である．

この定理は，一様収束ならば「連続性」が極限関数に“遺伝する”ことを示している．実は，「正則性」も一様収束ならば極限関数に遺伝する．この定理は後程出てくるがその特別の場合は次節のべき級数のところに見られる．

次に，関数項級数 $\sum f_n(z)$ の収束については例によってその部分和 $S_n(z)=f_1(z)+f_2(z)+\cdots+f_n(z)$ を考え関数列 $\{S_n(z)\}$ が(各点)収束，或いは一様収束するとき級数 $\sum f_n(z)$ はそれぞれ**(各点)収束**或いは**一様収束する**という．また絶対値級数 $\sum |f_n(z)|$ が収束するとき $\sum f_n(z)$ は**絶対収束する**という．次の判定法は実際上よく使われる．

定理 3.2 **(ワイエルシュトラスの判定法)** 集合 E で定義された関数項級数 $\sum f_n(z)$ に対して

$$|f_n(z)|\leq M_n,\quad z\in E$$

をみたす正数 M_n があり，級数 $\sum M_n$ が収束するならば $\sum f_n(z)$ は E 上で絶対収束し，かつ一様収束する．

実際，$\sum M_n$ が収束するから任意の $\varepsilon>0$ に対して $M_{n+1}+M_{n+2}+\cdots+M_m<\varepsilon$，$n\geq N$ となる番号 N がある．そして $|S_n(z)-S_m(z)|=|f_{n+1}(z)+\cdots+f_m(z)|\leq|f_{n+1}(z)|+\cdots+|f_m(z)|\leq M_{n+1}+\cdots+M_m<\varepsilon$，$m>n\geq N$ が任意の $z\in E$ に対して成立する．従って $\sum f_n(z)$ は(絶対)収束し，その和を $S(z)$ とすれば $S_m(z)\to S(z)$ $(m\to\infty)$．上の不等式で n を固定し $m\to\infty$ とすれば $|S_n(z)-S(z)|\leq\varepsilon$，$n\geq N$，$z\in E$，すなわち $\sum f_n(z)$ は E 上で一様収束する．

3．べき級数

関数項級数のうちで簡単でしかも重要なのは，

$$a_0+a_1(z-c)+a_2(z-c)^2+\cdots \qquad (a_n,\ c\in \boldsymbol{C})$$

という形の級数で，これを c を**中心**とする**べき級数**という．簡単のため $c=0$ の場合

$$\sum_{n=0}^{\infty} a_n z^n \tag{3.2}$$

について，その収束域を調べよう．

定理 3.3（アーベル） べき級数（3.2）が原点以外の一点 z_0 で収束するならば，それは（開）円板 $K=\{z\,||z|<|z_0|\}$ 上で絶対収束，従って収束する．さらに K に含まれる任意の（閉）円板 $K_\theta=\{z\,|\,|z|\leq\theta|z_0|\}$ $(0<\theta<1)$ 上で一様収束する．

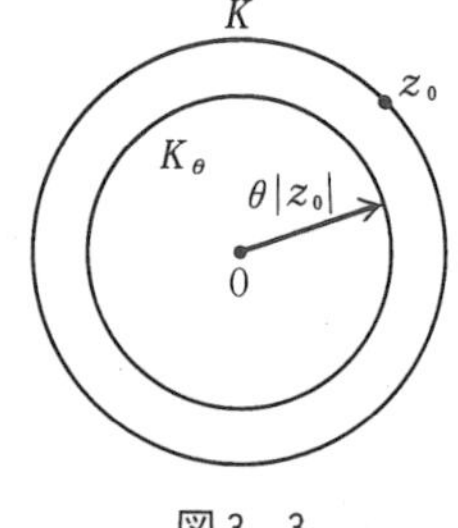

図 3．3

証明は簡単である．$\sum a_n z_0^n$ が収束するから定理 3.1′ 系（ii）により $|a_n z_0^n|\leq M$ $(n=0,1,2,\cdots)$ となる正数 M がある．z を K の任意の一点とすると，$r=|z/z_0|<1$ で，

$$|a_n z^n|=|a_n z_0^n||z/z_0|^n\leq Mr^n.$$

よって $\sum|a_n z^n|\leq M\sum r^n=M/(1-r)$，すなわち (3.2) は K 上で絶対収束する．次に $z\in K_\theta$ ならば $|a_n z^n|\leq M_n=M\theta^n$．そして $\sum M_n$ は収束するからワイエルシュトラスの判定法により K_θ 上で一様収束する！

さてべき級数 $\sum a_n z^n$ に対して，次の性質をもつ数 R，$0\leq R\leq+\infty$ が一意的に定まる：

(1°) $|z|<R$ をみたす各 z に対してべき級数 (3.2) は絶対収束従って収束する．また $0\leq\rho<R$ とすると（閉）円板 $\{z\,||z|\leq\rho\}$ 上で一様収束する．

(2°) $|z|>R$ のとき発散する．

このような数 R を（3.2）の**収束半径**，円周 $|z|=R$ を**収束円（周）**という．R が 0 あるいは $+\infty$ のこともある．勿論このときそれぞれ（1°）あるいは(2°)は意味がない．収束半径 R は理論的には次のように決まる：定理 3.3 により（3.2）は半径 r の円板 K 上で収束するから，このような r の上限を R とすれば容易に（1°）が分る．(2°）は，もし $|z_1|>R$ な

る点 z_1 で収束すれば (3.2) は円板 $\{z||z|<|z_1|\}$ で収束する．これは R の定義に反する．よって $|z|>R$ で発散する．

ところで $\sum a_n z^n$ の収束半径 R は係数 $\{a_n\}$ から直接に次式で計算される：

$$(3.3)\qquad \frac{1}{R}=\overline{\lim_{n\to\infty}}\sqrt[n]{|a_n|}\qquad \text{（コーシー・アダマールの公式）}$$

ここに $\overline{\lim\limits_{n\to\infty}}$ は実数列の上極限を表わす（付録参照）．

例　幾何級数　$1+z+z^2+\cdots+z^n+\cdots$

$a_n=1$ ゆえ，このべき級数の収束半径は(3.3)により $R=1$．これを直接的にやってみる．$z\neq 1$ ならば

$$S_n(z)=1+z+\cdots+z^{n-1}=\frac{1-z^n}{1-z}$$

$|z|<1$ ならば $|z^n|=|z|^n\to 0\ (n\to\infty)$ ゆえ $S_n(z)\to 1/(1-z)$，すなわち幾何級数は収束する．$|z|\geq 1$ ならば $|z^n|\geq 1$ ゆえ発散する（定理 3.1′ 系(i)）．よって $R=1$，そして $|z|<1$ で絶対収束し，$|z|\leq\theta$ $(0<\theta<1)$ で一様収束する．しかし $U=\{|z|<1\}$ では一様収束しないことを示そう．もしそこで $S_n(z)$ が $S(z)=1/(1-z)$ に一様収束すると仮定すると，任意の正数 $\varepsilon(<1/2)$ に対して $|S_n(z)-S(z)|=|z^n/(1-z)|<\varepsilon$，$z\in U$，$n>N$ をみたす番号 N がある．そこで $n=2N$ とすると $|z|^{2N}<\varepsilon|1-z|<2\varepsilon<1$．よって

$$2N>\left(\log\frac{1}{2\varepsilon}\right)\Big/\left(\log\frac{1}{|z|}\right),\quad z\in U.$$

しかし右辺は $|z|\to 1$ のとき $+\infty$ となるから矛盾である．

注意　収束円周上の収束発散については一般には分らない．例えば (a)$\sum nz^n$ は収束円 $|z|=1$ の上では常に発散　(b)$\sum z^n/n^2$ は収束円 $|z|=1$ の上では常に収束　(c)$\sum z^n/n$ は収束円 $|z|=1$ の上で，$z=-1$ では収束，$z=1$ では発散である．

次の定理は**べき級数の基本定理**である．証明は微分学におけるものと形式的に同様である．

定理 3.4　べき級数 $\sum a_n z^n$ の収束半径を $R>0$ とすれば収束円の内部 $\{|z|<R\}$ でその和 $f(z)=\sum a_n z^n$ は微分可能，すなわち正則関数であり，その導関数は

$$(3.4)\qquad f'(z)=\sum_{n=1}^{\infty} na_n z^{n-1},\quad |z|<R$$

で与えられる．右辺のべき級数は $\sum a_n z^n$ を項別に微分したものであり，

その収束半径は R に等しい．よって $f(z)$ は収束円内では何回でも微分可能であり，k 回導関数は

$$f^{(k)}(z)=\sum_{n=k}^{\infty} n(n-1)\cdots(n-k+1)a_n z^{n-k},\quad k=1,2,\cdots. \tag{3.4$'$}$$

この公式で $z=0$ とすると $f^{(k)}(0)=a_k k!$，すなわち

$$a_k=\frac{f^{(k)}(0)}{k!},\quad k=1,2,\cdots. \tag{3.5}$$

4．指数関数，三角関数

実変数 x の指数関数 e^x（e は自然対数の底）及び三角関数 $\sin x$，$\cos x$ は $-\infty<x<+\infty$ で次のようにべき級数展開されることは周知とする：

$$\begin{aligned}
&e^x=1+\frac{x}{1!}+\frac{x^2}{2!}+\cdots=\sum_{n=0}^{\infty}\frac{x_n}{n!} \qquad (0!=1)\\
&\sin x=x-\frac{x^3}{3!}+\cdots=\sum_{n=1}^{\infty}(-1)^{n-1}\frac{x^{2n-1}}{(2n-1)!},\\
&\cos x=1-\frac{x^2}{2!}+\cdots=\sum_{n=0}^{\infty}(-1)^n\frac{x^{2n}}{(2n)!}
\end{aligned} \tag{3.6}$$

さて(3.6)の級数の x の代りに複素数 z と置いた複素べき級数を考えると，これらのべき級数の収束半径は同じく $+\infty$ である($z=x$ で収束するからアーベルの定理からも分る)．従って基本定理によりこれらの複素べき級数は全平面 $\boldsymbol{C}$ で正則関数を表わす．この関数を e^z，$\sin z$，$\cos z$ と定義する．すなわち

$$\begin{aligned}
&e^z=1+\frac{z}{1!}+\frac{z^2}{2!}+\cdots,\\
&\sin z=z-\frac{z^3}{3!}+\frac{z^5}{5!}-\cdots,\\
&\cos z=1-\frac{z^2}{2!}+\frac{z^4}{4!}-\cdots.
\end{aligned} \tag{3.7}$$

明らかにこれらの関数は実軸上でそれぞれ e^x, $\sin x$, $\cos x$ と一致する．上のように全平面 $\boldsymbol{C}$ で正則であって多項式でない関数を**超越(整)関数**という．

指数関数 e^z の性質：

1°) $(e^z)'=e^z$,

2°)　$e^{z_1+z_2}=e^{z_1}\cdot e^{z_2}$　(**指数法則**)

3°)　$e^z\neq 0$,　$z\in \boldsymbol{C}$

［証明］　1°) は定義式 (3.7) と (3.4) から分る．2°) は (3.1) から

$$e^{z_1}\cdot e^{z_2}=\sum \frac{1}{n!}\left[z_1^n+\frac{n!}{1!(n-1)!}z_1^{n-1}z_2+\frac{n!}{2!(n-2)!}z_1^{n-2}z_2+\cdots+z_2^n\right]$$

$$=\sum \frac{1}{n!}(z_1+z_2)^n=e^{z_1+z_2}.$$

3°) は，2°) により $e^z\cdot e^{-z}=e^0=1$ ゆえ $e^z\neq 0$.

次に θ を実数とし $z=i\theta$ とおくと，$e^{i\theta}=1+\frac{i\theta}{1!}-\frac{\theta^2}{2!}-\frac{i\theta^3}{3!}+\cdots$ となる．ところで e^z のべき級数は $\boldsymbol{C}$ で絶対収束であるから項の順序を変えても和は不変であり，

(3.8)
$$e^{i\theta}=\left(1-\frac{\theta^2}{2!}+\frac{\theta^4}{4!}-\cdots\right)+i\left(\theta-\frac{\theta^3}{3!}+\frac{\theta^5}{5!}-\cdots\right)$$
$$=\cos\theta+i\sin\theta\qquad(\textbf{オイレルの公式})$$

をうる．この式から $|e^{i\theta}|=\sqrt{\cos^2\theta+\sin^2\theta}=1$，また

$$e^{\pi i}+1=0.$$

この式は4つの基本的な数 $1, i, \pi, e$ の間の見事な関係式として知られている．$e^{2\pi i}=1$ と指数法則より一般に

(3.9)
$$e^{z+2n\pi i}=e^z\qquad(n=0, \pm 1, \pm 2, \cdots)$$

すなわち e^z は**周期** $2\pi i$ をもつ周期関数である．

三角関数 $\sin z$，$\cos z$ の性質：

1°)　$\sin(-z)=-\sin z$，$\cos(-z)=\cos z$,

2°)　$(\sin z)'=\cos z$，$(\cos z)'=-\sin z$.

これらは定義式及び項別微分から分る．さて (3.7) の e^z の z の代りに iz とおくと (3.8) をえたようにして

(3.10)
$$e^{iz}=\cos z+i\sin z$$

をうる．これも**オイレルの公式**という．$e^{-iz}=\cos(-z)+i\sin(-z)=\cos z-i\sin z$ であるからこの式と (3.10) より

(3.11)
$$\cos z=\frac{e^{iz}+e^{-iz}}{2},\quad \sin z=\frac{e^{iz}-e^{-iz}}{2i}.$$

この式から $\sin^2 z+\cos^2 z=1$ が複素数の場合でも成り立つ．しかし実数の場合のように $|\sin z|\leq 1$, $|\cos z|\leq 1$ ではない！　実際，$z=x+iy$ とすると $|e^{iz}|=|e^{-y}\cdot e^{ix}|=e^{-y}$，$|e^{-iz}|=e^y$ ゆえ

$$|\sin z|=\frac{1}{2}|e^{iz}-e^{-iz}|\geq\frac{1}{2}|e^{y}-e^{-y}|.$$

よって $y\to+\infty$（或いは $y\to-\infty$）とすれば $|\sin z|\to\infty$.

$\sin z$，$\cos z$ 以外の三角関数はその 2 つから定義する．例えば，

$$\tan z=\frac{\sin z}{\cos z}=\frac{1}{i}\frac{e^{iz}-e^{-iz}}{e^{iz}+e^{-iz}}$$

5．対数関数

ここで指数関数の逆関数として定義される対数関数について簡単にふれる．(後程違う角度からも取扱う)．任意の複素数 $z(\neq 0)$ に対して方程式 $e^w=z$ の解で定義される (多価) 関数を**対数関数**といい，$w=\log z$ と記す．$w=u+iv$, $z=re^{i\theta}$ とすると $e^w=e^u\cdot e^{iv}=re^{i\theta}$ ゆえ，$e^u=r=|z|$, $v=\theta+2n\pi$．前者より $u=\log|z|$ (e を底とする通常の対数)，$\theta=\arg z$ であるから

(3.12)　　$$\log z=\log|z|+i\arg z \qquad (\mathrm{mod}\ 2\pi i).$$

z が正数のとき $\arg z=0$ と定めると (3.12) からその複素対数は通常の対数と一致する．さて原点から出る半直線 l の外部 $\boldsymbol{C}-l$ では関数 $w=\log z$ は一価（よって写像は一対一）でかつ正則であり

(3.13)　　$$(\log z)'=\frac{1}{z} \qquad (z\neq 0)$$

である．実際，$z_0\in\boldsymbol{C}-l$, $w_0=\log z_0$ とすると

$$\lim_{z\to z_0}\frac{w-w_0}{z-z_0}=\lim_{w\to w_0}\left[\frac{e^w-e^{w_0}}{w-w_0}\right]^{-1}$$
$$=\left[\frac{de^w}{dw}(w_0)\right]^{-1}$$
$$=\frac{1}{e^{w_0}}=\frac{1}{z_0}.$$

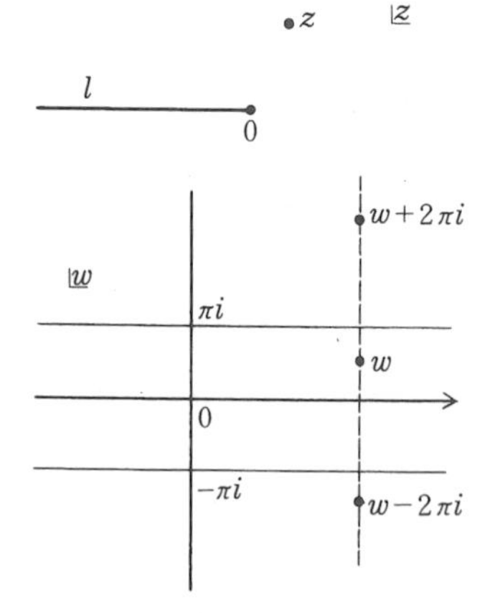

図 3．4　l が負の実軸のとき

l が負の実軸のとき $\boldsymbol{C}-l$ で $|\arg z|<\pi$ と定めた $\log z$ の分枝を**主枝**という．

対数関数を用いて複素数の**べき乗**が定義される：

定義　$z^w = e^{w \log z} (= \exp(w \log z))$

対数関数の多価性から z^w も一般に多価である．

例 1．$z^2 = e^{2 \log z} = e^{\log z} \cdot e^{\log z} = z \cdot z$

一般に z^n, z^{-n} は通常のべきと一致する．

例 2．$i^i = \exp(i \log i) = \exp[i(\log |i| + i(\arg i + 2n\pi))]$

$$= \exp\left(-\frac{\pi}{2} - 2n\pi\right), \quad n：整数$$

問　題

1．$z=1$ を中心とするべき級数 $\sum_{n=0}^{\infty} (-1)^n (z-1)^n$ の収束円及びその和の関数を求めよ．

2．$\lim_{n\to\infty} |a_n|/|a_{n+1}| = R$ ならば $\sum a_n z^n$ の収束半径は R である．

3．e^z の周期は $2\pi i$ の整数倍に限る．また $\sin z$, $\cos z$ の周期は 2π の整数倍に限る．

4．次の加法公式を証明せよ：

$$\sin(z+w) = \sin z \cos w + \cos z \sin w$$
$$\cos(z+w) = \cos z \cos w - \sin z \sin w.$$

5*．$f(z)$ を z の多項式，f の k 回の合成を $f^k(z) = f \circ f \circ \cdots \circ f(z)$ と書く（ここでは f^k はべき乗ではない）．整数 $p \geq 1$ に対して $f^p(\zeta) = \zeta$ をみたす ζ を f の**周期点**という．$f^p(\zeta) = \zeta$ をみたす最小の p に対して $(f^p)'(\zeta) = \lambda$ とおくとき，$0 \leq |\lambda| < 1$ ならば ζ は**吸引的** (attractive)，$|\lambda| > 1$ ならば**反発的** (repelling) という．f のすべての反発的周期点の集合の閉包を f の**ジュリア集合**といい $J(f)$ とかく．$f(z) = z^2$ のとき $J(f)$ を求めよ．

銀杏並木道

第 4 章　一次変換と不連続群

複素解析でいう一次変換とは，$\dfrac{az+b}{cz+d}$ という形の一次有理関数のことである．この関数は拡張された複素平面上で一対一で等角な写像を与える．一次変換は簡単そうに見えるがその性質には深いものがある．とくに著しい幾何学的性質をもつので複素解析においてよく利用される．本章はこの一次変換の性質と応用例を述べるのが目的である．第5節で一次変換のなす群の中で不連続群と呼ばれるものについてふれるが，これは近年の複素解析の話題に言及するためであり，とばしても後に差支えはない．

1．無限遠点

実数 x（或いは $-x$）が限りなく大きくなるとき $x\to+\infty$（或いは $x\to-\infty$）と書き，$+\infty$ 及び $-\infty$ を実数の体系に付加して取扱うと便利なように，複素数 z が限りなく遠方にゆく（$|z|$ が限りなく大きくなる）と，z は一つの仮想的な数 ∞ に近づくと考える．この仮想的数を**無限遠点**といい，これを複素平面 $\boldsymbol{C}$ に付加したものを**拡張された複素平面**といい，通常 $\hat{\boldsymbol{C}}$ $(=\boldsymbol{C}\cup\{\infty\})$ と記す．

無限遠点の導入は次のような（位相的）対応を考えると自然に理解される．複素平面 $\boldsymbol{C}$ の原点 O において接する 3 次元空間の直径 1 の球面 S を考える．北極にあたる点 N(0, 0, 1) と $z\in\boldsymbol{C}$ を結ぶ線分が S と交わる点を P とすると対応 $z\leftrightarrow$P によって $\boldsymbol{C}$ と $S-$N

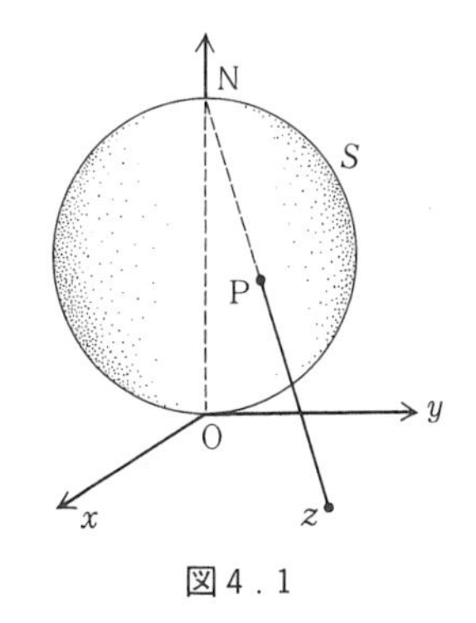

図4．1

が一対一連続に対応する．そこで ∞ と N が対応するものと考えると $\hat{C}$ と S が丁度一対一連続に対応する．このことから，実数の場合のように $+\infty$，$-\infty$ を考えるのではなく，z がどんな方向に限りなく遠方に行っても一つの点 ∞ に近づくと考えるのが自然であることが分かる．この対応 $\mathrm{P}\leftrightarrow z$ を**立体射影**(stereographic projection)，S を**リーマン球面**或いは**数球面**という．

複素関数 $f(z)$ が ∞ で連続或いは正則であるとは，$f\left(\frac{1}{\zeta}\right)$ が $\zeta=0$ で連続或いは正則のことと定義する，ただし値 $f(\infty)$ を適当に定義する．変換 $z=1/\zeta$ により $0, \infty$ が ∞，0 に対応するから屢々 $1/\infty=0$，$1/0=\infty$ と書く．

2．写像の等角性

閉区間 $[0,1]$ から C への連続写像 $t\to z(t)$ による $[0,1]$ の像を C 上の曲線という．さて C 上の曲線 γ の方程式を $z=z(t)=x(t)+iy(t)$, $0\leq t\leq 1$ とする．$z(t)$ は t の連続関数である．もし $z'(t_0)$ $(t_0\in[0,1])$ が存在し $z'(t_0)\neq 0$ ならば γ は点 $z(t_0)$ で接線をもち，その勾配は $\arg z'(t_0)$ であ

コーヒーブレイク

メービウス　August Ferdinand Möbius　1790年11月17日プロシヤのシュルプフォルテに生まれる．ゲッティンゲン大学でガウスについて天文学を学び，1815年ライプチヒの天文台に招かれ天文学教授，のちに台長になり静かな一生を送った．

彼の業績は，天文学のほか数学では「重心算法」の主著があり，その頃フランスのポンスレーが生みだした射影幾何学を発展させた．また円を円にうつす変換，非調和比の理論等を考えた．メービウスは晩成の人であり，68才のとき“裏表のない面”（メービウスの帯）という新しい(位相)幾何学の研究をパリーの学士院に提出した．しかし他の重要な寄稿もそうであったように，その論文は学士院のファイルの中に埋もれ，公刊されたのは何年も後であった．1868年９月26日没．

る，但し $0\leq\arg z'(t_0)<2\pi$ とする（$dy/dx=y'(t)/x'(t)=\arg z'(t)$ に注意）．$z'(t)\neq 0$，$0\leq t\leq 1$ である曲線は**正則な曲線**という．

さて $w=f(z)$ は領域 D で正則関数とし，$z_0\in D$ とする．z_0 を通る曲線 γ：$z=z(t)$，$0\leq t\leq 1$ が正則ならば γ の $w=f(z)$ による像 $f(\gamma)$ は点 $w_0=f(z_0)$（$z_0=z(t_0)$）を通る曲線：$w=w(t)=f(z(t))$，$0\leq t\leq 1$ であり

$$w'(t)=f'(z(t))z'(t).$$

もし $f'(z_0)\neq 0$ ならば $w'(t_0)\neq 0$ ゆえ $f(\gamma)$ は点 w_0 で接線をもち，その勾配は $\arg w'(t_0)=\arg f'(z_0)+\arg z'(t_0)$ できまる．従って点 z_0 を通る2つの正則な曲線 γ_i：$z=z_i(t)$，$0\leq t\leq 1$（$i=1,2$）が z_0 で角 θ で交わる（接線のなす角が θ）ならば

$$\arg w_2(t_0)-\arg w_1(t_0)$$
$$=\arg z_2(t_0)-\arg z_1(t_0)=\theta$$

すなわち $f(\gamma_1)$ と $f(\gamma_2)$ は w_0 で角 θ で交わる．この事実を，写像 $w=f(z)$ は z_0 において等角(conformal）であるという．まとめると，D 上の正則関数 $w=f(z)$ が $z_0\in D$ で $f'(z_0)\neq 0$ ならば写像 f は z_0 で等角である．

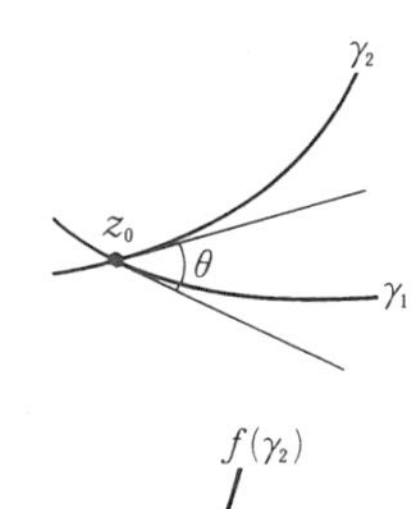

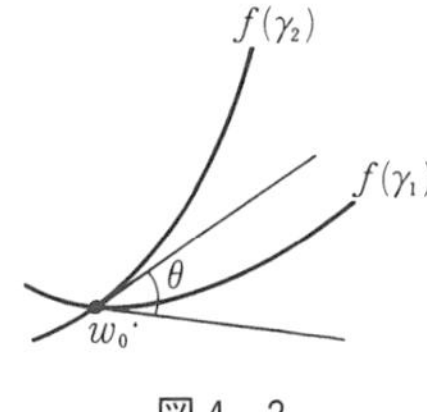

図4.2

メービウスの帯の作り方

a　c
b　d

a　d
b　c

d a
c b

メービウスの帯の中心線に沿って切ると2回ひねった1本の帯になる．

ちなみに，正則関数 $f(z)$ が写像として D で**単葉**(一対一)のとき $f'(z)\neq 0$ であることが示されるので，f は D の各点で等角である．このような写像を**等角写像**といい後に詳しく述べる．

3．一次変換

1次の有理関数

$$w=T(z)=\frac{az+b}{cz+d},\quad a,b,c,d\in \boldsymbol{C},\quad ad-bc\neq 0 \tag{4.1}$$

を**1次（分数）変換**または**メービウス変換**という．$T(z)$ は拡張された複素平面 $\hat{\boldsymbol{C}}$ 上で，$c\neq 0$ のとき $z\neq -d/c$ で正則，$c=0$ のとき $\boldsymbol{C}$ で正則であり，

$$T'(z)=\frac{ad-bc}{(cz+d)^2}\neq 0 \tag{4.2}$$

ゆえ写像 T は等角である．また $w=T(z)$ は $\hat{\boldsymbol{C}}$ 上一対一であり，その逆写像は（4.1）を z について解いて

$$z=T^{-1}(w)=\frac{dw-b}{-cw+a} \tag{4.3}$$

である．基本的な一次変換は次の3つである：

$$\begin{aligned} &\text{(i)}\quad w=z+b\\ &\text{(ii)}\quad w=az\\ &\text{(iii)}\quad w=\frac{1}{z}\end{aligned} \tag{4.4}$$

(i)は b だけの**平行移動**，(ii)は $\arg a$ の**回転**と $|a|$ 倍の**拡大**(或いは**縮小**)，(iii)は**反転**という．一般な一次変換(4.1)は，$w=\dfrac{bc-ad}{c^2(z+d/c)}+\dfrac{a}{c}\ (c\neq 0)$ 或いは $w=\dfrac{a}{d}z+\dfrac{b}{d}\ (c=0)$ と書けるから結局(i)，(ii)，(iii)の形の変換の合成で得られる．

一次変換の不動点と分類　一次変換（4.1）は恒等変換 $I\ (=I(z)=z)$ ではないとする．方程式 $T(z)=z$ を満足する点 z を T の**不動点**という．まず $c=0$ の場合 T の不動点は，$a\neq d$ のとき，$b/(d-a)$ と ∞ の2点，$a=d$ のときは ∞ だけである．$c\neq 0$ の場合 T の不動点は

$$z=\frac{a-d\pm\sqrt{(a-d)^2+4bc}}{2c} \tag{4.5}$$

であり，∞ は不動点ではない．以後 $ad-bc=1$ とする（これを**正規化**という．このためには最初の式の4つの係数を $\sqrt{ad-bc}$ で割っておけばよい）．このとき（4.5）は

$$z=[a-d\pm\sqrt{(a+d)^2-4}]/2c$$

と書ける．T が唯一つの不動点をもつとき**放物的**一次変換という．$\mathrm{trace}^2 T=(a+d)^2$ と定義するとき，

$$T \text{ が放物的} \iff \mathrm{trace}^2 T=4$$

である（$\iff$ は必要十分を示す）．$\Rightarrow$（必要性）：不動点が1つならば $c=0$ で $a=d$ であるか，$c\neq 0$ で $(a+d)^2=4$ である．前者の場合も $ad-bc=1$ より $a=d=\pm 1$ ゆえ $(a+d)^2=4$．$\Leftarrow$（十分性）も容易である．

$\mathrm{trace}^2 T$ が実数で $0\leq \mathrm{trace}^2 T<4$ ならば T は**楕円的**，$\mathrm{trace}^2 T\notin[0,4]$ ならば T は**斜航的**(loxodromic)，T が斜航的で $\mathrm{trace}^2 T\in(4,+\infty)$ ならば**双曲的**という（双曲的を除いたものを斜航的という本もある）．

2つの1次変換 S，T の合成 $S\circ T(z)=S(T(z))$ は計算すれば分るようにまた一次変換である．$S\circ T$ を簡単に ST とも書く．h が一次変換のとき hTh^{-1} と T は**共役**であるという．T が2つの不動点 α，β（$=[a-d\pm\sqrt{(a+d)^2-4}]/2c$）をもつとき $h(z)=\dfrac{z-\alpha}{z-\beta}$ とすると hTh^{-1} は 0 と ∞ を不動点にもつから $hTh^{-1}(z)=kz$ という形の一次変換である．すなわち T は kz に共役である．但し $k\neq 1, 0$．k の値は $h^{-1}(1)=\infty$，$T(\infty)=a/c$ ゆえ $k=\dfrac{a/c-\alpha}{a/c-\beta}$，すなわち a，b，c，d で表わされる．そして次のことがいえる：

T が楕円的 $\iff$ $|k|=1,\ k\neq 1$

T が斜航的 $\iff$ $|k|\neq 1,\ k\neq 0$

T が双曲的 $\iff$ k は正数で $k\neq 1$

（証明は直接的計算或いは公式 $\mathrm{trace}^2 T=k+1/k+2$（問題7）を使う）

一つの応用として，n 回の合成 $T^n=T\circ T\circ\cdots\circ T$ に関することにふれる．T が2つの不動点 α，β をもつ場合，$hTh^{-1}(z)=kz$ $(k\neq 1,0)$ であったから $hT^nh^{-1}=k^nz$ $(n=1,2,\cdots)$．従って T が斜航的ならば点 z $(\neq\alpha,\beta)$ の像 $T^n(z)$ は $n\to\infty$ のとき常に α（或いは β）に収束する．もし $T^n(z)\to\alpha$ ならば α は T の**吸引的**不動点，β を**反発的**不動点という．T が楕円的ならば $|k|=1$ ゆえ hT^nh^{-1} は原点を中心とする各円をそれ自

身にうつす．従って T^n ($n=1,2,\cdots$) は α，β が互いに鏡像となる各円をそれ自身にうつす（次節の鏡像の原理参照）．

4．一次変換の性質と例

一次変換の基本的性質として次の事実はよく使われる：

1°) 一次変換は円を円にうつす．但し直線も (∞ を通る) 円とみなす．

2°) (**鏡像の原理**)　円 C に関して鏡像である 2 点 p，q の一次変換 T による像 $T(p)$，$T(q)$ は，円 $T(C)$ に関して鏡像である．但し p，q が円 C（中心 α，半径 R）に関して**鏡像**であるとは，α，p，q が一直線上にあり $|p-\alpha||q-\alpha|=R^2$ であること．円が直線のときは p, q がその直線に関して対称な 2 点であるとき互いに鏡像という．

3°) C 上の 4 点 z_1，z_2，z_3，z_4 に対して

$$[z_1, z_2, z_3, z_4]=\frac{z_1-z_3}{z_2-z_3}\cdot\frac{z_2-z_4}{z_1-z_4} \tag{4.6}$$

を 4 点の**非調和比**という．但し 4 点の一つ例えば $z_2=\infty$ のときは上式で $z_2\to\infty$ とした極限値で定義する，すなわち $[z_1, \infty, z_3, z_4]=(z_1-z_3)/(z_1-z_4)$．さて T が一次変換で，$w_i=T(z_i)$ ならば

$$[w_1, w_2, w_3, w_4]=[z_1, z_2, z_3, z_4]$$

すなわち非調和比は一次変換で不変である．

(証明略．(4.4) の各変換について示せば十分である)

例 1　単位円板 $\{|z|<1\}$ を $\{|w|<1\}$ に写像し，z_0 ($0<|z_0|<1$) を $w=0$ にうつす一次変換は

$$w=\gamma\cdot\frac{z-z_0}{1-\bar{z}_0 z},\quad |\gamma|=1. \tag{4.7}$$

実際，求める一次変換を $w=(az+b)/(cz+d)$ とすると，円 C：$\{|z|=1\}$ の像は円 $\{|w|=1\}$ である (1°) 参照)．z_0 の C に関する鏡像点は $1/\bar{z}_0$ である（なぜか？）．そして $w(z_0)=0$ ゆえ 2°) により $w(1/\bar{z}_0)=\infty$，すなわち $az_0+b=0$，$c/\bar{z}_0+d=0$．従って $w=w(z)$ は (4.7) の形をもつ．但し $\gamma=-a\bar{z}_0/c=a/d$．$|z|=1$ のとき $|1-\bar{z}_0 z|=|z\bar{z}-\bar{z}_0 z|=|\bar{z}-\bar{z}_0|=|z-z_0|$ であり，かつ $|w|=1$ ゆえ $|\gamma|=1$ となる．

なお (4.7) で $\gamma=1$ として逆関数を求めると，$\{|z|<1\}$ を $\{|w|<1\}$ に写像し，0 を z_0 にうつす一次変換

(4.8) $$w=\frac{z+z_0}{1+\bar{z}_0 z} \qquad (w'(0)=1-|z_0|^2>0)$$

をうる．

例 2　上半平面 $H:\{\mathrm{Im}\, z>0\}$ をそれ自身にうつす一次変換 $w=T(z)=(az+b)/(cz+d)$，$ad-bc=1$ における係数 a，b，c，d は実数である．逆も正しい．この場合

(4.9) $$\mathrm{Im}\, w=\frac{1}{|cz+d|^2}\mathrm{Im}\, z.$$

実際，$c\neq 0$ とする．T は実軸を実軸にうつすから $T(0)=b/d$，$T(\infty)=a/c$，$T^{-1}(\infty)=-d/c$ は実数，よって b/c も実数で $T(z)=\left(\frac{a}{c}z+\frac{b}{c}\right)\Big/\left(z+\frac{d}{c}\right)$ より

$$\mathrm{Im}\, T(z)=\frac{D}{|z+d/c|^2}\mathrm{Im}\, z,\quad D=\frac{ad-bc}{c^2}=\frac{1}{c^2}$$

D は実数 $(=(a/c)(d/c)-b/c)$．$D<0$ ならば T は H を下半平面にうつすことになり矛盾．よって $D>0$．ゆえに c，そして a，b，d も実数である．逆及び (4.9) は容易であろう．

例 3　上半平面 H を単位円板に写像する一次変換は

(4.10) $$w=k\frac{z-z_0}{z-\bar{z}_0},\quad z_0\in H,\quad |k|=1.$$

これは $w(z_0)=0$, $w(\bar{z}_0)=\infty$ (鏡像の原理) と，z が実軸上のとき $|z-z_0|=|z-\bar{z}_0|$ であることから分る．

なお $\{|z|<1\}$ を上半平面に写像する一次変換の一つは

(4.11) $$w=i\frac{1+z}{1-z},\quad w(0)=i$$

5．一次変換群

一次変換 $T=T(z)=\dfrac{az+b}{cz+d}$ $(a, b, c, d\in \boldsymbol{C},\ ad-bc\neq 0)$ の全体 M は合成を積とする群をなす．すなわち(i) $T_1, T_2\in M$ ならば $T_1T_2\in M$ (ii) $(T_1T_2)T_3=T_1(T_2T_3)$ (iii)任意の $T\in M$ に対し $TI=IT=T$ なる $I\in M$ が存在する (iv)任意の $T\in M$ に対して $TT^{-1}=T^{-1}T=I$ となる $T^{-1}\in M$ が存在する．実際，$T_i=(a_iz+b_i)/(c_iz+d_i)$ $(i=1,2)$ とすれば

$$T_1T_2=T_1(T_2(z))=\frac{(a_1a_2+b_1c_2)z+(a_1b_2+b_1d_2)}{(c_1a_2+d_1c_2)z+(c_1b_2+d_1d_2)}$$

であり，$ad-bc$ は行列式 $\begin{vmatrix} a & b \\ c & d \end{vmatrix}$ の値ゆえ

$$\begin{vmatrix} a_1a_2+b_1c_2 & a_1b_2+b_1d_2 \\ c_1a_2+d_1c_2 & c_1b_2+d_1d_2 \end{vmatrix} = \begin{vmatrix} a_1 & b_1 \\ c_1 & d_1 \end{vmatrix} \cdot \begin{vmatrix} a_2 & b_2 \\ c_2 & d_2 \end{vmatrix} \neq 0$$

よって $T_1T_2 \in M$．(ii)は容易　(iii)の I は**恒等変換** $I(z)=z\in M$　(iv)の T^{-1} は (4.3) で与えた．以下，一次変換群の M の元は $ad-bc=1$ と正規化されているとする．T に行列 $\begin{pmatrix} a & b \\ c & d \end{pmatrix}$ を対応させるとき，$\begin{pmatrix} -a & -b \\ -c & -d \end{pmatrix} = -\begin{pmatrix} a & b \\ c & d \end{pmatrix}$ も同一の T を生ずるから，写像 $T \to \begin{pmatrix} a & b \\ c & d \end{pmatrix}$ によって M と $SL(2, \boldsymbol{C})/\{I, -I\}$ とは同型である（$SL(2, \boldsymbol{C})$ は行列式が 1 に等しい 2×2 行列の群）．

G を M の一つの部分群とする．点 $\alpha\in\hat{\boldsymbol{C}}$ に対して，もし $g_n(z)\to\alpha$ $(n\to\infty)$ となる点 z と相異なる無限列 $g_n\in G$ が存在するとき，α を G の**極限点**という．極限点でない点を G の**通常点**という．α が G の通常点のとき G は **$\boldsymbol{\alpha}$ で不連続**であるという．もし G がある集合の各点で不連続であるとき G は**不連続群**といわれる．

G の極限点の集合 $L=L(G)$ を G の**極限集合**という．その補集合 $\hat{\boldsymbol{C}}-L$ を G の**不連続領域**といい $\Omega=\Omega(G)$ と書く．（Ω は連結とは限らない）これらの集合は G-不変である．すなわち任意の $g\in G$ に対して

$$g(L)=L,\quad g(\Omega)=\Omega$$

前者を示せば十分である．$\alpha\in L$ とすると，$g_n(z)\to\alpha$ $(n\to\infty)$ なる点 z と相異なる無限列 $g_n\in G$ があり $gg_n(z)\to g(\alpha)$．ところで gg_n は相異なるから $g(\alpha)\in L$，よって $g(L)\subset L$．$g\in G$ は任意ゆえ g^{-1} をとれば $g^{-1}(L)\subset L$ ゆえ $L\subset g(L)$．従って $g(L)=L$ である．

例 1　$g\in M$ を放物的或いは斜航的とし，G は g によって生成された巡回群とすれば，G は g の不動点（1 或いは 2 点）を除いた集合上で不連続である．

実際，α を g の不動点とすれば，α は g^n の不動点でもある（例えば $g^2(\alpha)=g(g(\alpha))=g(\alpha)=\alpha$）．そして g^n（n：整数）はすべて相異なる（斜航的な場合は既に述べた共役な元から，放物的な場合は問題 5 から）．さて g の不動点以外の点 c が L の点と仮定すると，$g^{k_n}(z)\to c$ $(k_n\to\infty)$ となる整数列 $\{k_n\}$ と点 z がある．他方 g は斜航的或は放物的ゆえ $g^{k_n}(z)$ $(k_n\to\infty)$ は必ず g の不動点に収束するから c は g の不動点となり矛盾

である．

例 2
$$G=\left\{\frac{az+b}{cz+d}\,\middle|\, a,b,c,d \text{ は整数，} ad-bc=1\right\}$$
を**モジュラー群**という．この G の極限集合 L は実軸全体であり，不連続領域 Ω は上半平面 H_+ と下半平面 H_- からなる．

［証明］　前節の例2から $g\in G$ は H_+ を H_+ にうつす一次変換である．いま $z_0\in H_+$ が G の極限点と仮定すると，$g_n(z')=x_n+iy_n\to z_0\,(=x_0+iy_0)$ $(n\to\infty)$ なる相異なる無限列 $g_n\in G$ と $z'\in H_+$ がある．$|x_n-x_0|<1/2$ と仮定してよい．$g_n(z)=(a_nz+b_n)/(c_nz+d_n)$ とすると，(4.9) より
$$y_n=y'/|c_nz'+d_n|^2,\quad z'=x'+iy'.$$
$y_n\to y_0\,(>0)$ であるから上式の分母 $|c_nz'+d_n|^2=(c_nx'+d_n)^2+c_n^2y'^2$ は有界，ゆえに c_n 及び d_n も有界 $(n=1,2,\cdots)$．ところで c_n，d_n は整数ゆえ c_n，d_n のとりうる値は有限個しかない．すなわち組 (c_n,d_n) も有限個である．いまその一組を (c,d) とし $\{g_n\}$ の中から分母が $cz+d$ である元 g_μ，g_ν をとると，行列式が1なることから
$$g_\mu g_\nu^{-1}(z)=z+m,\quad m \text{ は整数}$$
という形になることが分る．よって $g_\mu(z')=g_\nu(z')+m$，実部と虚部にわけると $x_\mu=x_\nu+m$，$y_\mu=y_\nu$．そして $|x_\mu-x_\nu|\leq|x_\mu-x_0|+|x_\nu-x_0|<1$ ゆえ $m=0$ となり $g_\mu=g_\nu$．すなわち (c_n,d_n) の組に対して $\{g_n\}$ の中の唯一つの元がきまる．以上から $\{g_n\}$ は有限個の相異なる元しか含まないことになり矛盾である．従って G は H_+ で不連続に作用する．下半平面についても同様である．

次に L が実軸と一致することを示すために，任意の実数 x をとると，$b_n/d_n\to x\,(n\to\infty)$ となる互いに素な整数 b_n，d_n の相異なる組がとれる．これに対して $a_nd_n-b_nc_n=1$ をみたす整数 c_n，a_n をとり，$g_n(z)=(a_nz+b_n)/(c_nz+d_n)\in G$ とすれば g_n は相異なり，$g_n(0)\to x$ $(n\to\infty)$ となるから $x\in L$．

一次変換群 M の部分群 G でその不連続領域 Ω が空でないものを歴史的に**クライン群** (Felix Klein, 1849-1925) という（ごく最近では M の離散部分群をクライン群といっている）．G の極限集合 L が高々2点のとき G は**初等的**という（例えば例1）．G が初等的でなければ L は疎な完全集合，従って非可算である．単位円板或いは半平面を不変にする

クライン群を**フックス群**（Lazarus Fuchs, 1832-1902）という（例２）．クライン群の研究は19世紀クラインやポアンカレによって始まり1920年代で一応終わったかに見えたが，1960年代からタイヒミュラー空間論の見地から見直され著しい発展をしている分野である．まさに,「温故知新」であろう．

（参考文献）

L. Ahlfors : *Möbius transformations in several dimensions. Univ. of Minnesota Lecture Notes,*1981

A. Beardon : *The geometry of discrete groups, Graduate Texts in Math.* 91, Springer Verlag 1983

L. Ford : *Automorphic functions,* McGraw-Hill, New York 1929, 2nd ed., Chelsea, New York 1951

J. Lehner : *Discontinuous groups and automorphic functions, Mathematical Survey* 8, Amer. Math. Soc. Providence, 1964

B. Maskit : Kleinian groups, Grundlehren der math. Wiss. 287, Springer Verlag 1988

問　題

1．3点 $z_1, z_2, z_3 \in \hat{C}$ をそれぞれ3点 w_1, w_2, w_3 にうつす一次変換は，$[w, w_1, w_2, w_3]=[z, z_1, z_2, z_3]$ で与えられる．また，このような一次変換は唯一つである．

2．実軸上の4点 $x_1<x_2<x_3<x_4$ に対して

(i)　非調和比 $r=[x_1, x_2, x_3, x_4]>1$ を示せ．

(ii)　上半平面 H を H にうつし，x_1，x_2，x_3，x_4 をそれぞれ $-k$，-1，1，$k(k>1)$ にうつす一次変換及び k の値を求めよ．

3．円 $c : |z|=r$ と円 $C : |z-a|=R$（但し $a>0$，$r+a<R$）とで囲まれた領域 $D=\{|z|>r\}\cap\{|z-a|<R\}$ は，一次変換によって同心円環へ写像される．

4．$w=T(z)=(az+b)/(cz+d)$ $(c\neq0)$，$ad-bc=1$ に対して，円

$$I=I(T) : |cz+d|=1$$

を T の**等距離円** (isometric circle) という（I 上で $|dw|=|dz|$ となる）．このとき T は，$I(T)$ を $I(T^{-1})$ にうつし，$I(T)$ の内部を $I(T^{-1})$ の外部にうつす．

5．放物的一次変換は，一次変換 $z+1$ に共役である．

6．G は一つの楕円的一次変換 T で生成された群とする．もし T が有限位数（ある整数 n に対して $T^n=I$）ならば，G の不連続領域 $\Omega=\hat{C}$ であり，無限位数ならば $\Omega=\phi$（空集合）である．

7．一次変換 T が kz に共役ならば $\mathrm{trace}^2 T=k+1/k+2$．

第5章　複素積分

複素積分（すなわち複素関数の線積分）の理論は複素解析において最も基本的かつ重要な役割を果たすものである．この概念は1814年コーシーによって導入された．正則関数に対するコーシーの積分定理およびコーシーの積分公式は，正則関数の驚くべき多くの美しい性質をひき出すと共に，理工学系の広大な分野に応用をもつものである．そしてこれをスケッチするのが本講の大きい目標の一つである．本章はまず，線積分とコーシーの基本定理に関する話である．

1．複素線積分

複素平面上の曲線 C の方程式を

$$z=z(t)=x(t)+iy(t),\quad a\leq t\leq b$$

としよう．$z(t)$ は閉区間 $I=[a,b]$ 上の連続関数である．$z(a)$, $z(b)$ をそれぞれ C の**始点**, **終点**という．始点と終点が一致するとき C を**閉曲線**という．もし $t_1\neq t_2$ $(t_1, t_2\in I)$ ならばつねに $z(t_1)\neq z(t_2)$ のとき（但し閉曲線のときは $z(a)=z(b)$ を除く），C を**単一曲線**または**ジョルダン曲線**という．“ジョルダン曲線 C は平面を互いに共通点をもたない2つの領域にわけ，C はその2つの領域の共通の境界である” これを**ジョルダンの曲線定理**という（Camille Jordan, 1838-1922）．上の2つの領域のうち有界なものを **C の内部**, 他を **C の外部**という．ジョルダンの定理は C が円や三角形のような場合は明らかであろうが，C がまがりくねった曲線の場合は明白で

図5.1　ここは内部か外部か？

はない（図５．１）．ここでは証明は略し，この定理が近代数学における厳密さの概念を教えた一定理であったことを付記しておく．

さて曲線 $C：z=z(t),\ t\in I=[a,b]$ に対して I の分割

(5.1)
$$\varDelta：a=t_0<t_1<\cdots<t_{n-1}<t_n=b$$

を考え C の点 $z(t_0), z(t_1), \cdots, z(t_n)$ を順次線分で結んだ折線の長さを $L(\varDelta)$ とする．I のあらゆる分割 $\varDelta$ に対する $L(\varDelta)$ の上限 L が有限なとき，C は**長さ有限な曲線**であるといい，L を C の**長さ**という．C が**滑らかな曲線**，すなわち導関数 $z'(t)=x'(t)+iy'(t)$ が存在し連続ならば長さ有限であり，その長さは微積分学で周知のように次式で与えられる：

(5.2)
$$L=\int_a^b\sqrt{x'(t)^2+y'(t)^2}\,dt=\int_a^b|z'(t)|\,dt.$$

次に，長さ有限な曲線 C 上で与えられた連続関数 $f(z)$ の線積分を定義する．I の分割 (5.1) に対応する C の点 $z_i=z(t_i)$ $(i=0,1,\cdots,n)$ と弧 $\overset{\frown}{z_{i-1}z_i}$ 上の任意の点 ζ_i をとり，和

(5.3)
$$S_\varDelta=\sum_{i=1}^{n}f(\zeta_i)(z_i-z_{i-1})$$

コーヒーブレイク

ワイエルシュトラス　Karl Theodor Weierstrass

コーシーによって創始された複素解析学をさらに深く大きく発展させたのはワイエルシュトラスとリーマンの２人である．

ワイエルシュトラスは1815年10月31日ドイツの小村オステンフェルデに生まれた．父は税関吏で貧しかったが教養のある人であった．父の希望でボン大学で法律を勉強することになったが数学の講義にばかりに出て結局卒業もしないで家に帰ってきた．それから教員免許をとるために近くのミュンスター大学に１年程在籍したが，この間グーデルマンの楕円函数の講義を聞き，そして函数をべき級数に展開して研究する方法に魅せられた．これが彼の生涯の研究に決定的な影響を与えたといえよう．

数学の教員免許はとったが数学の教師の口はなく，体操の教師になる．しかしワイエルシュトラスは数学への情熱は失わず黙々と仕事の合間に研究し結果をえていた．1849年その学校の「学報」に彼が発表したのは，体操や鉄

を考える．分割を限りなく細かくすると $f(z)$ の連続性から S_Δ は一定の値 S に近づくことが証明される．その極限値 S を $f(z)$ の **C に沿う積分**といい，

$$\int_C f(z)dz$$

と記す．この値は各 $\zeta_i \in \widehat{z_{i-1}z_i}$ のとり方や C のパラメータのとり方に無関係に定まることは積分学と同じである．積分に関する次の諸性質は定義から簡単にわかる：

(i)　$f(z)$，$g(z)$ が共に C 上で連続ならば

$$\int_C (\alpha f(z)+\beta g(z))dz=\alpha\int_C f(z)dz+\beta\int_C g(z)dz,\quad \alpha,\beta\in \boldsymbol{C}$$

(ii)　C と逆の向きをもつ曲線を $-C$ と書く．C：$z=z(t)$, $a\leq t\leq b$ ならば $-C$：$z=z(-t)$，$-b\leq t\leq -a$ であり，

$$\int_{-C} f(z)dz=-\int_C f(z)dz$$

(iii)　C_1：$z=z_1(t)$, $a_1\leq t\leq b_1$, C_2：$z=z_2(t)$, $a_2\leq t\leq b_2$ に対して $z_1(b_1)$

棒の記事ではなくアーベル函数に関する論文であったので皆は驚いた．誰も分らないので数学者ローゼンハインに送られ価値の高いものであることが分り彼の天才が日の目を見るようになったと伝えられる．

1856年ベルリン大学の助教授に招かれ，そして教授，後には学長になる．ワイエルシュトラスの研究は年と共に進展し，名声は世界に広がって聴講者が門前市をなすようになった．ワイエルシュトラスの精神の特色は，完全な厳密さを要求し，つねに単純なものから複雑なものへ進んだことである．このため直観をさけ徹底的に分析し論理的に広く解析学を研究した．複素解析では，べき級数による解析接続，解析函数を定義しその一般論，楕円函数やアーベル函数の体系的研究に大きい足跡を残した．

ワイエルシュトラスは多くの弟子を育てたが，その中に数学史上の紅一点ともいえるソニア・コヴァレフスカヤという愛弟子がいた．ワイエルシュトラスは生涯独身で1897年2月19日，82才でなくなった．

$=z_2(a_2)$ のとき**和** C_1+C_2 を次のように定義する；$C_1+C_2：z=z(t)$，$a_1\leq t\leq b_1+b_2-a_2$．但し，$z(t)=z_1(t)$，$a_1\leq t\leq b_1$，$z(t)=z_2(t+a_2-b_1)$，$b_1\leq t\leq b_1+b_2-a_2$．このとき，

$$\int_{C_1+C_2} f(z)dz=\int_{C_1} f(z)dz+\int_{C_2} f(z)dz.$$

次の性質を述べる前に一二の定義をあげる．実数 $t\in[a,b]$ の複素数値連続関数 $g(t)$ の積分は

$$\int_a^b g(t)dt=\int_a^b \mathrm{Re}\, g(t)dt+i\int_a^b \mathrm{Im}\, g(t)dt$$

で定義する．微積分の基本定理から $g(t)=G'(t)$ ならば

$$\int_a^b g(t)dt=G(b)-G(a) \tag{5.4}$$

である．次に曲線 C が有限個の滑らかな曲線の和であるとき，C は**区分的に滑らか**であるという．

(iv)　$C：z=z(t)$，$a\leq t\leq b$ が区分的に滑らかならば

$$\int_C f(z)dz=\int_a^b f(z(t))z'(t)dt \tag{5.5}$$

であることが示される．この事実から C に沿う $f(z)$ の線積分を (5.5) の右辺で直接に定義するのが通常であって実際計算ではこの右辺で計算することが多い．しかし積分が有限和 (5.3) の極限値であること，或いは積分が (5.3) で近似されることを知っているに越したことはない．

(v)　C が区分的に滑らかでその長さを L とすると，

$$\left|\int_C f(z)dz\right|\leq M\cdot L,\quad M=\max_{z\in C}|f(z)| \tag{5.6}$$

である．実際，$C：z=z(t)$，$a\leq t\leq b$ とすれば (5.5) と (5.2) より

$$\left|\int_C f(z)dz\right|\leq\int_a^b |f(z(t))||z'(t)|dt$$

$$\leq M\int_a^b |z'(t)|dt=M\cdot L.$$

なお $|z'(t)|dt$ は C の線素であり $|dz|$ と書く．そして上の最初の不等式を

$$\left|\int_C f(z)dz\right|\leq\int_C |f(z)||dz| \tag{5.6$'$}$$

と記す．(5.6)$'$ は覚え易い形でかつ (5.6) より鋭い．

例１　C は区分的に滑らかな曲線で，α を始点，β を終点とすれば

(5.7)
$$\int_C z^n dz = \frac{1}{n+1}(\beta^{n+1} - \alpha^{n+1}), \quad n=0,1,2,\cdots$$

実際，$C : z=z(t)$，$a \leq t \leq b$ とすると，(5.5)，(5.4) より

$$\int_C z^n dz = \int_a^b z^n(t)z'(t)dt$$
$$= \int_a^b \frac{1}{n+1}\frac{d}{dt}z(t)^{n+1}dt$$
$$= \frac{1}{n+1}(\beta^{n+1} - \alpha^{n+1}).$$

例２　C は点 a を中心，半径 r の円とすれば

(5.8)
$$\int_C \frac{1}{z-a}dz = 2\pi i.$$

$C : z=a+re^{i\theta}$，$0 \leq \theta \leq 2\pi$，$z'(\theta)=ire^{i\theta}d\theta$ ゆえ

$$\int_C \frac{dz}{z-a} = \int_0^{2\pi} \frac{ire^{i\theta}}{re^{i\theta}}d\theta = 2\pi i.$$

例３　C は三点 0，1，i を頂点とする三角形とする．

$$I = \int_C (2\bar{z}-1)dz$$

を求めよ．

$C=C_1+C_2+C_3$ とし，図５．２のように方向を定める．C_1，C_2，$-C_3$ の方程式はそれぞれ $z=x$ $(0 \leq x \leq 1)$，$z=1-y+iy$ $(0 \leq y \leq 1)$，$z=iy$ $(0 \leq y \leq 1)$ であり，$I=2\int_C \bar{z}\,dz - \int_C 1\cdot dz = 2\int_C \bar{z}\,dz$ ((5.7) より)．$2\int_{C_1} \bar{z}\,dz = 2\int_0^1 xdx = 1$，$2\int_{C_2} \bar{z}\,dz = 2\int_0^1 (1-y-iy)(-1+i)dy = 2i$，$2\int_{C_3} \bar{z}\,dz = -2\int_{-C_3} \bar{z}\,dz = -2\int_0^1 (-iy)(idy) = -1$．よって $I=2i$．

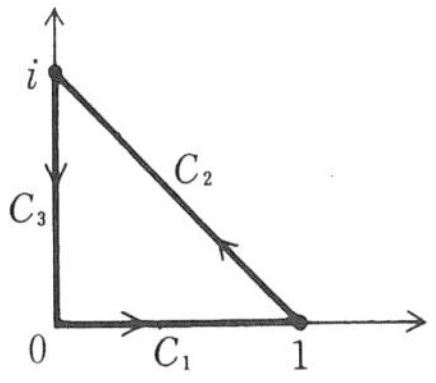

図５．２

２．コーシーの積分定理

コーシーの積分定理は解析学において最も重要な定理の一つであり，複素解析の基本定理である．

定理 5.1（コーシーの積分定理） $f(z)$ は領域 D で正則とし，C は長さ有限な単一閉曲線で，C 及び C の内部が D に含まれるならば

$$\int_C f(z)dz=0$$

が成り立つ．

本定理の証明は付録に記すことにし，ここでは関連した若干の注意を述べよう．

1°） コーシーの積分定理の述べ方は本によって多少違うものがある．例えば，「$f(z)$ は単連結領域 D で正則とし，C は D 内の単一閉曲線とすれば，$\int_C f(z)dz=0$ である」という形のものがある．単連結の定義にもよるが，この場合 D は無限遠点を含まないとしておかないと正しくない．通常の定義では，数球面 $\hat{C}$ から一点 a を除いた領域は単連結であり，関数 $1/(z-a)$ は $\hat{C}-\{a\}$ で正則であるがその積分は 0 でない（例 2）．

コーシーの積分定理で本質的な条件は，C 及び C の内部を含む領域で $f(z)$ が正則ということである．

2°） コーシーが1814年に証明したのは，$f'(z)$ が連続という付加条件のもとである．この場合の定理 5.1 の（特別な場合の）証明を略記しよう．C は区分的滑らかな単一閉曲線とし，C 及び C の内部 G は領域 D に含まれるとする．$f(z)=u+iv$ は D で正則，$f'(z)$ は D で連続とすると，

$$\begin{aligned}\int_C f(z)dz&=\int_C(udx-vdy)+i\int_C(vdx+udy)\\&=\iint_G(-u_y-v_x)dxdy+i\iint_G(-v_y+u_x)dxdy\\&=2i\iint_G f_{\bar{z}}(z)dxdy,\quad z=x+iy\end{aligned}\tag{5.9}$$

最初の等式は，$f(z)dz=(u+iv)(dx+idy)$ を形式的に実部と虚部にわけて書いたものであるが，これは (5.3) を実部と虚部にわけて極限移行するか，或いは (5.5) の右辺から正しいことが分る．次の等式は「グリーンの公式」である．f 従って u，v は D で C^1 級ゆえグリーンの公式が適用できる．そしてコーシー・リーマンの方程式から G 上の積分は 0 となり $\int_C f(z)dz=0$ が成り立つ．

$f'(z)$ の連続性を仮定しないで定理 5.1 を証明したのは，**グルサー**

(Édouard Goursat, 1858-1936) である．そして正則関数の導関数の連続性は定理 5.1 から導かれるコーシーの積分公式から簡単に分る（次節）．ちなみに $f'(z)$ の連続性を，積分を使わず Whyburn の位相的定理によって証明する方法もある(R. Plunkett, Bull. Amer. Math. Soc. 65, 1959)．もしこの結果を使えばグリーンの公式を使う証明法でもよいことになるが，その連続性の証明が難しく従来の証明（付録）の方が自然であろう．

領域 D の数球面 $\hat{C}$ における補集合が連結であるとき D は**単連結**であるという．単連結でない領域は**多重連結**であるという．精確には，補集合 $\hat{C}-D$ の連結成分が n 個のとき D は $\boldsymbol{n}$ **重連結**であるという ($2\leq n\leq+\infty$)．先に注意したように D が無限遠点を含まない単連結領域ならば, D 内の単一閉曲線の内部が D に含まれコーシーの積分定理が成り立つ．さて，多重連結領域に対しては，

定理 5.2　D は $n(<\infty)$ 個の互いに共通点をもたない区分的滑らかな単一閉曲線 $C, C_1, C_2, \cdots, C_{n-1}$ で囲まれた n 重連結領域とする．但し $C_1, \cdots, C_{n-1}$ は C の内部にあるとする．$f(z)$ は D の閉包 $\bar{D}$ で正則, すなわち閉集合 $\bar{D}$ の近傍（ある開集合 $\supset\bar{D}$）で正則ならば，このとき

$$\int_{\partial D} f(z)dz=0 \tag{5.10}$$

ここに ∂D は D の境界を表し，その向きは D を左手に見て進む方向とする．(5.10) は次のようにも書かれる：

$$\int_{C} f(z)dz=\sum_{i=1}^{n-1}\int_{C_i^{\circlearrowleft}} f(z)dz, \tag{5.10$'$}$$

但し $C_i^{\circlearrowleft}$ は C_i の内部を左手に見て進む C_i の‘正の方向’である（∂D における向きと反対であることに注意）

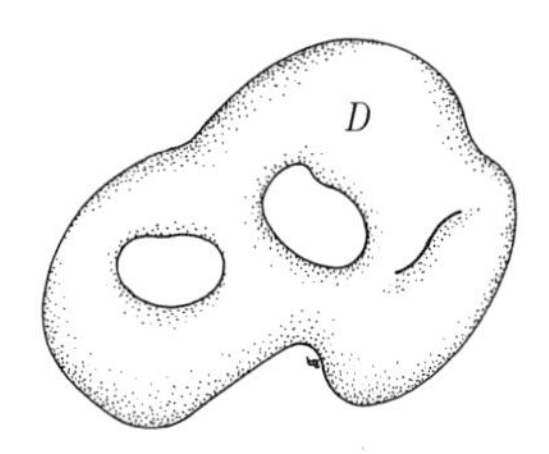

図5.3　4重連結領域

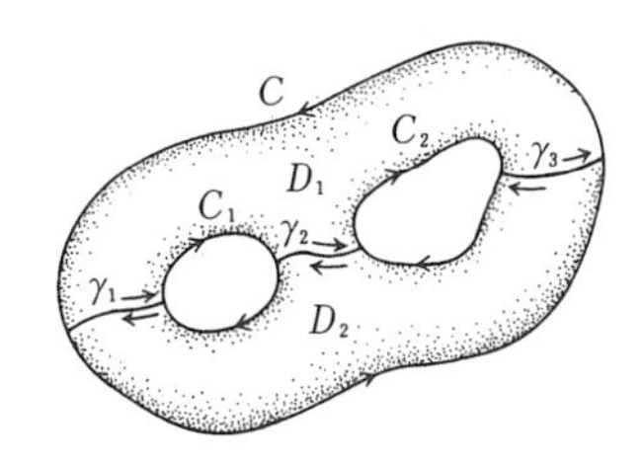

図5.4

証明は図5．4のように D 内に単一曲線 $\gamma_1, \cdots, \gamma_n$ をとると D は2つの単連結領域 D_1，D_2 にわかれ，$f(z)$ は $\overline{D}_1$，$\overline{D}_2$ で正則ゆえ

$$\int_{\partial D_1} f(z)dz=0,\quad \int_{\partial D_2} f(z)dz=0$$

この2式を加えると $\gamma_1, \cdots, \gamma_{n-1}$ 上の積分は向きが反対ゆえ互いに消しあい（5.10）をうる．

さて，複素積分を考えるメリットの一つは，実変数の難しい積分が複素積分を使って容易に計算できることである．これについては後程詳しく述べるので，ここでは一例をあげるにとどめる．

例4（ガウス積分）　a，b は実数，$b>0$ とするとき

$$I=\int_{-\infty}^{+\infty} e^{iax-bx^2}dx=e^{-\frac{a^2}{4b}}\sqrt{\frac{\pi}{b}}.$$

これを示すために $z=x-ia/2b$ とおくと

$$I=\lim_{R\to\infty}\int_{-R}^{R} e^{iax-bx^2}dx=e^{-\frac{a^2}{4b}}\lim_{R\to\infty}\int_{-R-ia/2b}^{R-ia/2b} e^{-bz^2}dz$$

まず $a>0$ のとき，図5．5のような積分路を考えると，e^{-bz^2} は C で正則ゆえコーシーの積分定理により，その積分路に沿う積分は0に等しい．C_2 上では $z=R+iy$（$-a/2b\leq y\leq 0$）ゆえ

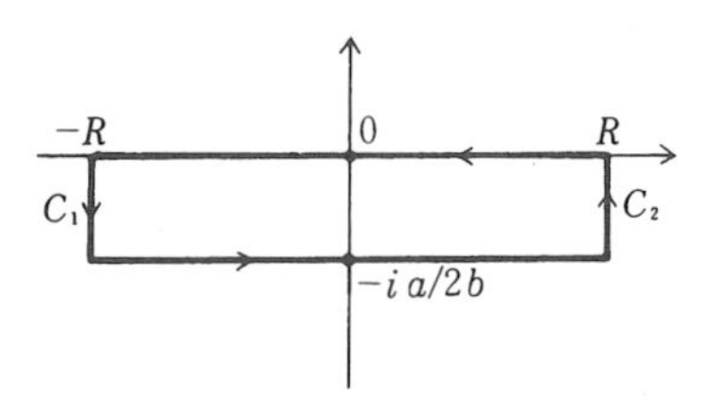

図5．5

$$\left|\int_{C_2} e^{-bz^2}dz\right|=\left|\int_{-a/2b}^{0} e^{-b(R+iy)^2}idy\right|$$

$$\leq\int_{-a/2b}^{0} e^{-b(R^2-y^2)}dy\leq e^{-bR^2}\cdot e^{a^2/4b}\cdot\frac{a}{2b}\to 0 \qquad (R\to\infty).$$

同様にして C_1 上の積分も $R\to\infty$ のとき0に収束する．以上から

$$I=e^{-a^2/4b}\int_{-\infty}^{\infty} e^{-bx^2}dx.$$

$J=\int_{-\infty}^{\infty} e^{-bx^2}dx=\sqrt{\pi/b}$ はよく知られているが念のために；

$$\begin{aligned}J^2&=\int_{-\infty}^{\infty} e^{-bx^2}dx\int_{-\infty}^{\infty} e^{-by^2}dy\\&=\iint_C e^{-b(x^2+y^2)}dxdy=\int_0^{2\pi}\int_0^{\infty} e^{-br^2}rdrd\theta\\&=\pi/b.\end{aligned}$$

$a<0$ の場合は積分路を実軸の上側にとればよい．

3．コーシーの積分公式

コーシーの積分定理から，正則関数をその境界値によって積分表示するコーシーの積分公式が導かれる．そして正則関数の基本的な性質は殆んどこの積分公式から導かれるのである．

定理 5.3（コーシーの積分公式） D は有限個の互いに共通点をもたない区分的滑らかな単一閉曲線によって囲まれた領域とし，$f(z)$ は $\overline{D}$（D の閉包）で正則とすれば

$$f(z)=\frac{1}{2\pi i}\int_{\partial D}\frac{f(\zeta)}{\zeta-z}d\zeta,\quad z\in D. \tag{5.11}$$

（∂D については定理 5.2 参照）．これを示すために，z を固定し z を中心とし半径 ρ の円板 $U_\rho=\{w||w-z|<\rho\}\subset D$ をとる．ζ の関数 $f(\zeta)/(\zeta-z)$ は $D'=D-\overline{U}_\rho$ の閉包で正則ゆえ，定理 5.2 により

$$0=\int_{\partial D'}\frac{f(\zeta)}{\zeta-z}d\zeta=\int_{\partial D}\frac{f(\zeta)}{\zeta-z}d\zeta-\int_{\partial U_\rho}\frac{f(\zeta)}{\zeta-z}d\zeta.$$

∂U_ρ 上では $\zeta=z+\rho e^{i\theta}$（$0\leq\theta\leq 2\pi$）であるから

$$\int_{\partial U_\rho}\frac{f(\zeta)}{\zeta-z}d\zeta=i\int_0^{2\pi}f(z+\rho e^{i\theta})d\theta.$$

f は連続ゆえ $\rho\to 0$ とすると右辺は $2\pi if(z)$ に収束し（5.11）をうる．

定理 5.4 D は定理 5.3 と同じとし，$f(z)$ は $\overline{D}$ で C^1 級の複素数値関数とすれば

$$f(z)=\frac{1}{2\pi i}\int_{\partial D}\frac{f(\zeta)}{\zeta-z}d\zeta-\frac{1}{\pi}\iint_D\frac{1}{\zeta-z}\frac{\partial f}{\partial\overline{\zeta}}(\zeta)d\xi d\eta, \tag{5.12}$$

$z\in D$，$\zeta=\xi+i\eta$ である．

証明は，上の領域 $D'=D-\overline{U}_\rho$ において ζ の関数 $f(\zeta)/(\zeta-z)$ に対してグリーンの公式 (5.9) を使うと，D' では $1/(\zeta-z)$ は ζ について正則ゆえ $[f(\zeta)/(\zeta-z)]_{\overline{\zeta}}=f_{\overline{\zeta}}(\zeta)/(\zeta-z)$ に注意し $\rho\to 0$ とすれば (5.12) をうる．

定理 5.4 で $f(z)$ がさらに正則ならば $f_{\overline{\zeta}}=0$ ゆえ (5.12) はコーシーの積分公式を与える．公式 (5.12) は近年しばしば使われるようになった．その使い方については問題 6．参照．

さてコーシーの積分公式から導かれる最初の重要な結論は，**正則関数は何回でも微分できる**，すなわち無限回微分可能であるということである．これを示すために $f(z)$ は領域 D で正則とし，a を D の任意の一点

とする．a を含む円板 $U\subset D$ をとり $\partial U=C$ とすると，コーシーの積分公式から

$$f(a)=\frac{1}{2\pi i}\int_C \frac{f(z)}{z-a}dz.$$

h を十分小さく $a+h\in U$ とすると，$f(a+h)$ は上式で a の代りに $a+h$ とした式で与えられ

$$\frac{f(a+h)-f(a)}{h}=\frac{1}{2\pi i}\int_C \frac{f(z)dz}{(z-(a+h))(z-a)}$$

$$\to\frac{1}{2\pi i}\int_C \frac{f(z)dz}{(z-a)^2}\qquad (h\to 0)$$

となるので，次式が成り立つ：

$$f'(a)=\frac{1}{2\pi i}\int_C \frac{f(z)}{(z-a)^2}dz,\quad a\in D. \tag{5.13}$$

この式を使うと上と同様にして

$$f''(a)=\frac{2}{2\pi i}\int_C \frac{f(z)}{(z-a)^3}dz$$

が示される．これは導関数 $f'(z)$ が D の任意の点で微分可能，従って $f'(z)$ はまた D で正則であることを示している．かくて正則関数は D で何回でも微分できる．n 階導関数は

$$f^{(n)}(a)=\frac{n!}{2\pi i}\int_C \frac{f(z)}{(z-a)^{n+1}}dz, \tag{5.14}$$

$$n=1, 2, \cdots$$

で与えられる（問題 5 .参照）．これもコーシーの積分公式という．

問　題

1．次の関数 $f(z)$ と曲線 C に対して $\int_C f(z)dz$ を直接計算によって求めよ．

(i)　$f(z)=|z|$，C：$z=0$ から $z=1+i$ に向う線分

(ii)　$f(z)=(z-1)/z$，C：$z=-1$ から $z=1$ に向う上半円 $|z|=1$，$\mathrm{Im}z\geq 0$.

2．コーシーの積分公式により次の積分を求めよ．

(i)　$\displaystyle\int_{|z|=2}\frac{dz}{z^2+1}$

(ii)　$\displaystyle\int_{|z|=1}\frac{e^z}{z^n}dz$，$n=1, 2, \cdots$

但し $\int_{|z|=r}$ は原点を中心とし半径 r の円を正の方向に一周する積分を表わ

す．

3．$0<r<1$ とし，$\int_{|z|=1}[(z-r)(1-rz)]^{-1}dz$ の値を求め，

$$\frac{1}{2\pi}\int_0^{2\pi}\frac{1}{1-2r\cos\theta+r^2}d\theta=\frac{1}{1-r^2}$$

を示せ．

4．$z=e^{i\theta}$ のとき $\cos\theta=\frac{1}{2}\left(z+\frac{1}{z}\right)$ であることを利用し

$$I_p=\int_0^{2\pi}\cos^p\theta d\theta,\quad p=1,2,\cdots$$

を求めよ．

5．$f(z)$，$g(z)$ は領域 D で正則とし，$C: z=z(t)$，$a\leq t\leq b$ は D 内の滑らかな単一曲線とすれば

$$\int_C f(z)g'(z)dz=fg|_C-\int_C f'(z)g(z)dz$$

が成り立つ．但し $fg|_C=f(z(b))g(z(b))-f(z(a))g(z(a))$．

この部分積分の公式を用いて式（5.14）を帰納法で証明せよ．

6*．$g(z)$ は全平面で C^1 級で，有界な領域 D（$\neq\phi$）の外部では0に等しい関数とする．

$$\varphi(z)=-\frac{1}{\pi}\iint\frac{g(\zeta)}{\zeta-z}d\xi d\eta,\quad \zeta=\xi+i\eta$$

とおく．但し積分は全平面 $\boldsymbol{C}$ でとる．このとき，

(i)　$\varphi(z)$ は $\boldsymbol{C}-\overline{D}$ で正則である．

(ii)　D で，方程式 $\frac{\partial\varphi(z)}{\partial\bar{z}}=g(z)$ を満足する．

7．D は区分的滑らかな単一曲線 C で囲まれた領域とし，$f(z)$ は $D\cup C$ で正則ならば

$$\int_C f(z)\overline{f'(z)}d\bar{z}=-2i\iint_D|f'(z)|^2dxdy.$$

書斎の窓から

第 6 章　正則関数の基本的性質

この章は，前章に示したコーシーの積分定理及び積分公式の応用によって導かれる正則関数の基本的な性質のいくつかを述べる．その一つの応用としてガウスの「代数学の基本定理」を証明するであろう．第 4 節で正則関数の最大値の原理を述べる．これは複素解析でよく使われる原理であるが正則関数固有の性質というより，劣調和関数の特性である．劣調和関数も複素解析において重要な関数であるので，ここでは劣調和の性質から最大値の原理を眺めることにした．

1．不定積分

$f(z)$ は領域 D で連続な複素関数とする．D の一点 α を固定し，α を始点とし D の任意の点 z を終点とする D 内のあらゆる曲線（以下断らない限り区分的滑らかとする）に沿う f の線積分が同一の値をもつとき，その値を

(6.1) $$F(z)=\int_\alpha^z f(\zeta)d\zeta,\quad z\in D$$

と書く．この D 上の関数を $f(z)$ の**不定積分**という．不定積分は常に存在するとは限らないが，もし **$f(z)$ の不定積分 $F(z)$ が存在すれば，$F(z)$ は正則であって**

(6.2) $$F'(z)=f(z),\quad z\in D.$$

正則関数の導関数はまた正則ゆえ，このとき **$f(z)$ は D で正則**でなければならない．

［証明］ f は点 z で連続ゆえ，任意の $\varepsilon>0$ に対し z の δ-近傍 $(\subset D)$ がとれて $|f(\zeta)-f(z)|<\varepsilon$, $|\zeta-z|<\delta$. 不定積分は曲線のとり方に無関係ゆえ $F(z+h)$ の線積分を，α から z に至る曲線と，z から $z+h$ への線分

l との和にとると $F(z+h)=F(z)+\int_l f(\zeta)d\zeta$．さて，$\int_l f(\zeta)d\zeta=\int_l f(z)d\zeta+\int_l [f(\zeta)-f(z)]d\zeta=hf(z)+\int_l [f(\zeta)-f(z)]d\zeta$ ゆえ

$$\left|\frac{F(z+h)-F(z)}{h}-f(z)\right|<\frac{1}{|h|}\cdot\varepsilon|h|=\varepsilon$$

すなわち $F'(z)$ が存在し $f(z)$ に等しい．

注意　不定積分 $F(z)$ が存在するとき，点 α の代りに他の点 $\beta\in D$ をとっても不定積分 $\int_\beta^z f(\zeta)d\zeta$ は存在し，$F(z)+c\,(c=-F(\beta))$ に等しい．もう一つ注意として，$f(z)$ の D における不定積分が存在することと，D 内の任意の単一閉曲線 c に対して $\int_c f(z)dz=0$ であることとは同値である．

コーヒーブレイク

ガウス　Carl Friedrich Gauss　1777年4月30日ドイツのブラウンシュバイクに生れたガウスは幼少の頃から並外れた天才を発揮した．有名な話であるが，小学校2年生のとき，先生が時間のかかる問題と思って $1+2+3+\cdots+99+100$ を出したところ，ガウスはすぐに5050という答だけをノートに書いていた．それを見て驚いた先生はどうして計算したかを聞いてさらに驚いたのであった．ガウスはこのとき等差級数の公式 $n(n+1)/2$ を発見した訳であり暗算で答だけ書いたのであるが，「3つ子の魂百まで」通り，ガウスは後年も問題を解くときそれを直接にやるのではなく，一つの理論を構成しその応用として解くという方法をとった．そしてその結論に達する道すじを分り易く説明するということは好まなかった．

ガウスがゲッティンゲン大学の学生だった1796年，正17角形を定規とコンパスだけで作図することに成功した．正 p 角形（p が素数）の作図問題は $p=3,5$ 以外はギリシヤ時代から未知であった．ガウスはこの問題に対して円周等分方程式の理論を考えその応用として解いた．ついで1799年，本文に記したように代数学の基本定理を証明した．1801年には，今日の整数論の出発点

以上から次の**モレラの定理** (Giacinto Morera, 1856-1909), すなわち「コーシーの積分定理の逆」が示される：

定理6.1　$f(z)$ は領域 D で連続とし，c は D 内の任意の単一閉曲線でその内部が D の点ばかりからなるとするとき $\int_c f(z)dz=0$ ならば，$f(z)$ は D で正則である．

実際，D の任意の点の円近傍 U $(\subset D)$ で正則であることを示せばよい．U は単連結であり，定理の仮定及び上の注意から f の U 上の不定積分が存在し，従って $f(z)$ は U で正則である．

モレラの定理の応用として次のよく使われる定理を示しておこう：
"D で正則な関数列 $\{f_n(z)\}$ が D で**広義一様収束**，すなわち D 上の任意のコンパクト集合上で一様収束すれば，$f(z)=\lim_{n\to\infty} f_n(z)$ は D で正則である"

というべき本「整数論」を公刊し，彼に学生時代から経済的援助をしてくれた生地の領主に捧げている．

1801年ピアッチが小惑星ケレス (ceres) を発見したが短時間の観測ののちケレスは姿を消した．ガウスは24才のとき，この軌道決定のために「最小自乗法」を創案し，わずかのデータをもとに軌道を計算した．彼が予告した時刻と場所にケレスが再び現われたので天文学者達は驚嘆した．1807年ゲッティンゲン大学の教授になり同時に，新しくできた同天文台の台長になった．数学では複素解析や整数論のほか，楕円関数，超幾何級数，ポテンシャル論，曲面論や非ユークリッド幾何学などいずれも新しい時代の数学の先駆的仕事をなした．数学，天文学以外にも電磁気学や測地学など重要な貢献をした．

pauca sed matura (寡なれど熟)

はガウスのモットーであり，独創的なアイデアも十分に熟すまで発表しなかった．実際数多くの独創的結果をえていたが発表せず，死後知られたものが沢山あった．(発表を好まなかった点もニュートンと双璧をなす？)1855年2月23日没

まず $f_n(z)$ は連続ゆえ $f(z)$ は D で連続である．c はその内部と共に D に含まれる単一閉曲線とすればコーシーの積分定理から $\int_c f_n(z)dz=0$．f_n は c 上で f に一様収束するから $n\to\infty$ として $\int_c f(z)dz=0$．従ってモレラの定理により f は D で正則である．

例1　$\boldsymbol{C}$ から負の実軸 $(-\infty,0]$ を除いた領域 D で $f(z)=1/z$ は正則であって，その不定積分

$$F(z)=\int_1^z \frac{d\zeta}{\zeta},\quad z\in D \tag{6.3}$$

は存在し，$F'(z)=1/z$．

D は単連結ゆえコーシーの積分定理により (6.3) は存在する．(6.3) の積分路を図6．1のようにとると

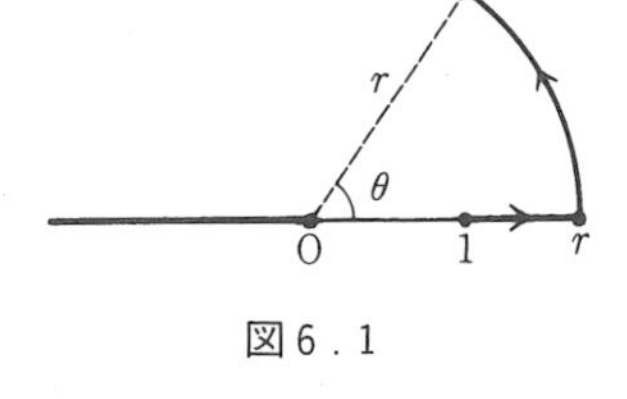

図6．1

$$F(z)=\int_1^r \frac{dx}{x}+\int_0^\theta \frac{ire^{it}}{re^{it}}dt=\log r+i\theta$$
$$=\log|z|+i\arg z$$

となり，$F(z)$ は以前（第3章第5節）定義した $\log z$ と一致することが分る．

2．リウヴィルの定理

まず次の**コーシーの評価式**を示そう：$f(z)$ が円板 $|z-a|<R$ で正則で，かつ $|f(z)|\leq M$ ならば

$$|f^{(n)}(a)|\leq\frac{M\cdot n!}{R^n},\quad n=1,2,\cdots \tag{6.4}$$

実際，コーシーの積分公式により，$0<r<R$ に対して

$$f^{(n)}(a)=\frac{n!}{2\pi i}\int_{|z-a|=r}\frac{f(z)}{(z-a)^{n+1}}dz$$
$$=\frac{n!}{2\pi}\int_0^{2\pi}\frac{f(a+re^{i\theta})}{r^n}e^{-in\theta}d\theta.$$

よって $|f^{(n)}(a)|\leq M\cdot n!/r^n$．$r\to R$ とすれば (6.4) をうる．

一般に，全平面 $\boldsymbol{C}$ で正則な関数を**整関数** (entire function) という．**リウヴィルの定理** (Joseph Liouville, 1809-1882) を示そう：

定理6.2　有界な整関数は定数に限る．

$f(z)$ は整関数で有界：$|f(z)|<M$ とすると任意の $a\in \boldsymbol{C}$ に対してコーシーの評価式から，$|f'(a)|\leq M/R$．R は任意ゆえ $R\to\infty$ とすれば $f'(a)=0$，すなわち $f'(z)\equiv 0$，よって $f(z)$ は定数である．

本定理を用いてガウスの有名な定理を証明しよう．

定理 6.3（代数学の基本定理）　実又は複素係数の代数方程式

$$z^n+c_1z^{n-1}+\cdots+c_{n-1}z+c_n=0,\quad n\geq 1$$

は $\boldsymbol{C}$ で必ず解をもつ．

［証明］　$P(z)=z^n+c_1z^{n-1}+\cdots+c_n$ とおく．$P(z)\neq 0$, $z\in\boldsymbol{C}$ と仮定して矛盾を導く．このとき $f(z)=1/P(z)$ は $\boldsymbol{C}$ で正則，すなわち整関数である．また f は有界である［$\because |P(z)|\geq|z|^n(1-|c_1|/|z|-\cdots-|c_n|/|z|^n)\to+\infty$ $(z\to\infty)$ ゆえ，R を十分大にとれば $|f(z)|\leq 1$，$|z|>R$．一方 $|z|\leq R$ で連続関数 $|f(z)|$ は最大値 G をとる．よって $|f(z)|\leq M=\max(G,1)$, $z\in\boldsymbol{C}$］．従って定理 6.2 から $f(z)$ は定数，よって $P(z)$ は定数となり矛盾である．

本定理から n 次代数方程式は重複度をこめて丁度 n 個の解$(\in\boldsymbol{C})$をもつことが分る．

付記　代数学の基本定理はガウスの学位論文であって1799年公刊された．この定理（の結論）は数学史上重要であることは言うまでもないが，もう一つの意義を注意したい．それは，ガウスがその当時迄の人達とは違って，方程式を解かずに解の“存在”を証明したことである．このような発想と成功は19世紀の数学界に新風を吹きこんだのである．ところで，ガウスは同定理の証明を生涯に 4 つ考えた．1849年，ガウスの学位50年を記念してゲッティンゲンでは全市をあげて祝典が行われた．その席上ガウスは 4 つ目の別証明を示した．そしてそれはまたガウスの最後の論文となった．

3．テイラー展開

$f(z)$ は領域 D で正則とする．a を D の任意の点とし a から D の境界への（最短）距離を ρ_a とするとき，$f(z)$ は円板 $|z-a|<\rho_a$ で，収束するべき級数

$$f(z)=\sum_{n=0}^{\infty}c_n(z-a)^n \tag{6.5}$$

$$c_n=\frac{f^{(n)}(a)}{n!}=\frac{1}{2\pi i}\int_{|\zeta-a|=r}\frac{f(\zeta)}{(\zeta-a)^{n+1}}d\zeta$$

$(0<r<\rho_a)$で唯一通りに表わされる．これを$f(z)$の点aのまわりの**テイラー展開**という(Brook Taylor，1685-1731)．証明のために$|z-a|<\rho_a$なる任意のzを固定しそれを含むaを中心，半径r（$<\rho_a$）の円板を考えると

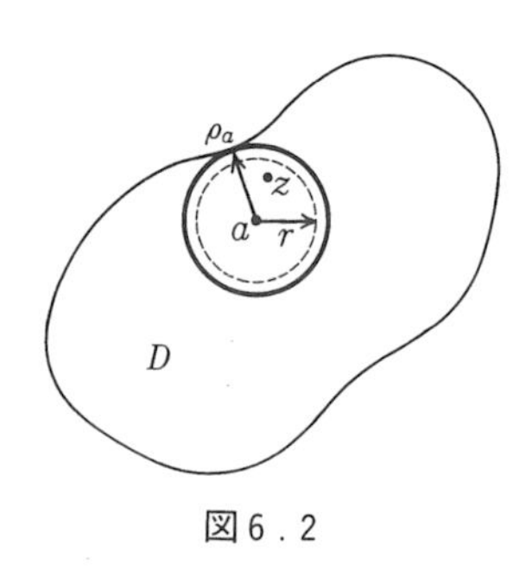

図6．2

$$f(z)=\frac{1}{2\pi i}\int_{|\zeta-a|=r}\frac{f(\zeta)}{\zeta-z}d\zeta,$$

$$\frac{1}{\zeta-z}=\frac{1}{\zeta-a}\left[1-\frac{z-a}{\zeta-a}\right]^{-1}$$

$$=\sum_{n=0}^{\infty}\frac{(z-a)^n}{(\zeta-a)^{n+1}}$$

$\left(\left|\frac{z-a}{\zeta-a}\right|<1\text{ で，}|\zeta-a|=r\text{ なる }\zeta\text{ に関して一様収束}\right)$であるからこれを上式に代入して項別積分すれば(6.5)がえられる．なお一意性は，もし$\sum c_n(z-a)^n=\sum b_n(z-a)^n$ならば両辺を$k$回微分（$k=0,1,2,\cdots$）し$z=a$とおけば$c_k=b_k$が分る．

注意　(i)複素関数がある領域で正則ならば既に見たように自動的にC^∞級であり，さらに上のように局所的にべき級数展開できる．これに反して，実変数関数は微分可能であってもその導関数の連続性さえ保証されない．またC^∞級であってもべき級数展開できるとは限らない（問題2）．

(ii)　(6.5)の右辺のべき級数の収束半径をR_aとすると，明らかに$\rho_a\leq R_a$．ここで不等号が起ることもあれば（次の例），すべての点aで$\rho_a=R_a$となることもある．

例2　$D=\boldsymbol{C}-(-\infty,0]$で正則な関数$f(z)=\log z$（$-\pi<\arg z<\pi$）の点$a=-1+i$のまわりのテイラー展開を求める．

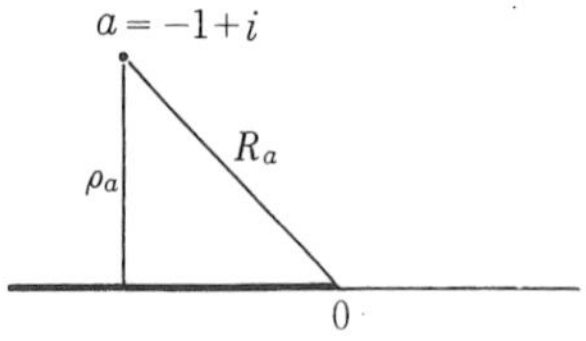

$f(a)=\log a=\log(-1+i)=\log\sqrt{2}+3\pi i/4$

$f^{(n)}(z)=(-1)^{n-1}(n-1)!/z^n,\quad n=1,2,\cdots$

$c_n=f^{(n)}(a)/n!=-[(1+i)/2]^n/n$

図6．3

ゆえ，求めるテイラー展開は

$$\log z = \log a - \sum_{n=1}^{\infty} \frac{1}{n}\left(\frac{1+i}{2}\right)^n (z-a)^n,$$

$a=-1+i$．この場合 $\rho_a=1$，$R_a=\sqrt{2}>\rho_a$．（図6．3参照）

テイラー展開から正則関数の局所的性質がいろいろ分る．まず

補題　$f(z)$ は領域 D で正則とし，D の一点 a で

$$f(a)=f'(a)=\cdots=f^{(n)}(a)=\cdots=0$$

ならば $f(z)\equiv 0$，$z\in D$．

仮定から a のまわりのテイラー展開より $f(z)$ は a の近傍 $|z-a|<\delta$（$\leq\rho_a$）で恒等的に0である．これから D 全体で $f(z)\equiv 0$ を示す必要があるが，このように**局所的性質から大域的性質を導く証明法**として次のような論法を紹介しておこう．それは“領域（連結開集合）D は互いに共通点をもたない2つの開集合 D_1，D_2 の合併で表わすことはできない”という性質（定義）を使う．記号で書くと，$D=D_1\cup D_2$，$D_1\cap D_2=\phi \Rightarrow D_1$ か D_2 は ϕ(空集合)（付録参照）．今の場合

$$D_1=\{a\in D \mid f(a)=f'(a)=\cdots=f^{(n)}(a)=\cdots=0\},$$

$D_2=D-D_1$ とおく．上述のことから D_1 は開集合である．さて $b\in D_2$ ならば $f^{(m)}(b)\neq 0$ なる m が存在し $f^{(m)}(z)$ は連続ゆえ b のある近傍でも $f^{(m)}(z)\neq 0$，すなわち D_2 も開集合であることが分る．従って D_1 か D_2 は ϕ．仮定より $D_1\neq\phi$，よって $D_2=\phi$，すなわち $D=D_1$（終）

この補題から，$f(z)\neq 0$ ならば f の**零点** $a\in D$（$f(a)=0$ なる点）では

$$f(a)=f'(a)=\cdots=f^{(k-1)}(a)=0,\quad f^{(k)}(a)\neq 0$$

なる整数 k がある．このとき a は f の $\boldsymbol{k}$ **位の零点**といい，k を**重複度**という．そして a のある近傍で

$$f(z)=(z-a)^k g(z),\quad g(z)\neq 0 \tag{6.6}$$

と表わされる．$g(z)$ は正則関数である．実際，テイラー展開から

$$f(z)=\sum_{n=0}^{\infty} c_n(z-a)^n=(z-a)^k g(z),$$

$$g(z)=c_k+c_{k+1}(z-a)+\cdots$$

と書け，$g(z)$ のべき級数は $f(z)$ のそれと同じ収束半径をもつ正則関数を表わす．$g(a)=c_k=f^{(k)}(a)/k!\neq 0$，$g(z)$ は連続ゆえ a の小近傍をとればそこで $g(z)\neq 0$ となる！　これより“$f(z)$ の零点 $\{z_n\}$ が D 内の一点 a に集積すれば $f(z)\equiv 0$”を示そう．$z_n\neq a$，$z_n\to a$ としてよい．f は a で連続ゆえ $f(a)=\lim_{n\to\infty} f(z_n)=0$．もし $f(z)\neq 0$ ならば表現(6.6)で，$0=f(z_n)$

$=(z_n-a)^k g(z_n)$ $(n>N)$ より $g(z_n)=0$ となり $g(z)\neq 0$ に矛盾する。

この結果から正則関数が無数の零点をもつとき，その零点は D の境界に集積しなければならない。また次の定理も $f-g$ を考えれば明らかであろう。

一致の定理　$f(z)$, $g(z)$ が領域 D で正則とし，D 内の一点に集積する点列 $\{z_n\}$ において $f(z_n)=g(z_n)$, $n=1,2,\cdots$ ならば $f(z)\equiv g(z)$ である。

なお一般に複素数 α に対し $f(z)-\alpha$ が $z=a$ で k 位の零点をもつとき，$f(z)$ は a において **k 位の α 点**をもつという。f の α 点の集合も D 内に集積点をもたない。

例 3　$f(z)=e^{\frac{1}{z}}$ は $D=\hat{C}-\{0\}$ で正則であり，α $(\neq 0,\infty)$ に対して $f(z)$ の α 点は

$$z_n=1/(\log\alpha+2n\pi i),\quad n=0,\pm 1,\pm 2,\cdots$$

であって，$\{z_n\}$ は D の境界 $z=0$ に収束している。

4．最大値の原理

正則関数 $f(z)$ の絶対値 $|f(z)|$ は実数値連続関数であるが，この関数は f が定数でない限りその最大値を領域の内部の点でとることはない，すなわち

最大値の原理　$f(z)$ は領域 D で正則で定数ではないとする。このとき $|f(z)|$ の上限を M $(=\sup_{z\in D}|f(z)|)$ とすると

$$|f(z)|<M,\quad z\in D.$$

いいかえると，もし D の一点 a で $|f(a)|=M$ ならば $f(z)=e^{i\alpha}M$ (α は実数)。特に D が有界の場合，$f(z)$ が $\overline{D}=D\cup C$ (C は D の境界) で連続，D で正則ならば，$|f(z)|$ は最大値 M を C 上でとる。

最大値の原理は非常によく使われるが，この性質は正則関数の絶対値だけでなく調和関数，さらに劣調和関数に対しても成立するので劣調和関数に対して説明しよう。

定義　$u(z)=u(x,y)$ は領域 D で連続な実数値関数で，D の各点 a のある近傍 $\{|z-a|<r_a\}\subset D$ で不等式

$$u(a)\leq\frac{1}{2\pi}\int_0^{2\pi}u(a+re^{i\theta})d\theta \tag{6.7}$$

が任意の r（$0 \leq r < r_a$）に対して成立するとき，$u(z)$ は D で**劣調和**(subharmonic) という．

例4　$f(z)$ が D で正則ならば $|f(z)|$ は D で劣調和である．

実際，$|f(z)|$ は連続であり，コーシーの積分公式から

$$|f(a)| = \left|\frac{1}{2\pi i}\int_{|z-a|=r}\frac{f(z)}{z-a}dz\right| \leq \frac{1}{2\pi}\int_0^{2\pi}|f(a+re^{i\theta})|d\theta,$$

よって $|f(z)|$ は劣調和である．また，$u(z)=\max(|f(z)|, k)$（k は正定数）も劣調和である（なぜか？）

さて劣調和関数 $u(z)$ に対する最大値の原理を証明しよう．すなわち $M=\sup_{z\in D} u(z)$ とし $u(a)=M$，$a\in D$ ならば $u(z)\equiv M$ であることを示そう．

$$D_1=\{a\in D \mid u(a)=M\},$$
$$D_2=D-D_1=\{b\in D \mid u(b)<M\}$$

とおくと $D=D_1\cup D_2$，$D_1\cap D_2=\phi$，($D_1\neq\phi$) ゆえ，D_1，D_2 が共に開集合であることを示せばよい(p. 65参照)．$u(z)$ は連続ゆえ D_2 は明らかに開集合である．さて $a\in D_1$ とすると

$$M=u(a)\leq\frac{1}{2\pi}\int_0^{2\pi}u(a+re^{i\theta})d\theta\leq\frac{1}{2\pi}\int_0^{2\pi}Md\theta=M$$

であるから等号が成立し

$$\int_0^{2\pi}[M-u(a+re^{i\theta})]d\theta=0, \quad 0\leq r<r_a.$$

ところで被積分関数は連続でかつ ≥ 0（$0\leq\theta\leq 2\pi$）で，しかもその積分が 0 であるから $u(a+re^{i\theta})=M$，$0\leq\theta\leq 2\pi$ でなければならない．$0\leq r<r_a$ の r は任意ゆえ $u(z)=M$，$|z-a|<r_a$．これより D_1 は開集合であることが分る．

注意　1）$f(z)$ が D で零点をもたなければ**最小値の原理**が成り立つ．すなわち $f(z)$（$\neq$ 定数）が D で正則で $f(z)\neq 0$，$z\in D$ ならば m を $|f(z)|$ の下限（$=\inf_{z\in D}|f(z)|$）とするとき

$$|f(z)|>m, \quad z\in D.$$

実際，このとき $1/f(z)$ は D で正則でその D における上限は $1/m$ であるから最大値の原理により上式をうる．

$f(z)$ が零点をもつ場合，最小値の原理は成立しない．例えば，単位円

板 D で $f(z)=z$ は正則で，$|f(0)|=0=m$.

2）$u(z)$ が D で C^2 級の実数値関数のとき，D で

$$\Delta u=\frac{\partial^2 u}{\partial x^2}+\frac{\partial^2 u}{\partial y^2}\geq 0 \iff u(z) \text{ は劣調和}$$

が示される（第9章問題8）．従って，調和関数は劣調和関数であり最大値の原理が成り立つ．u が調和ならば $-u$ も調和ゆえ，調和関数に対してはつねに最小値の原理も成り立つ．

$-v$ が劣調和である v を**優調和**(superharmonic)関数という．優調和関数に対してはつねに最小値の原理が成り立つ．

［付記］　劣調和関数は1次元の「下に凸」な関数の2次元化と考えてよい．それで劣調和関数等を逆に1次元的に図をかくと図6．4のようであり，最大最小を定義域の端点（境界）でとる様子が分る．

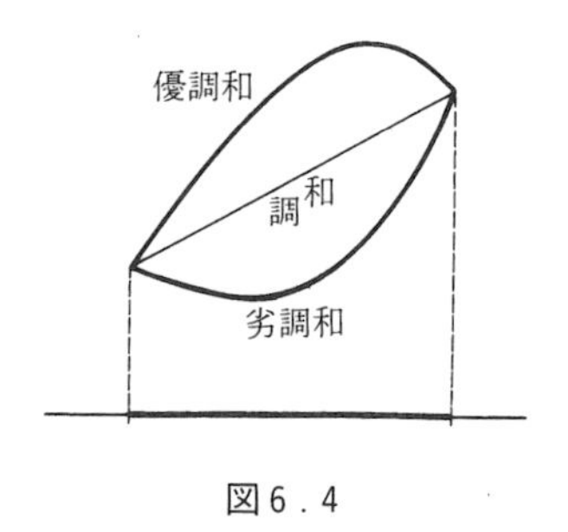

図6．4

劣調和の概念はそれ以前にもあったが正確に定義し組織的に研究したのは**リース**(Frēdēric. Riesz，1880-1956）で，1925年頃からである．

最大値の原理の一応用として次の**シュヴァルツの補題**（Hermann Amandus Schwarz，1843-1921）をあげる．使う程に有難味が分る定理である．

定理　$f(z)$ が円板 $|z|<R$ で正則で有界：$|f(z)|<M$ とし，$f(0)=0$ ならば

$$|f(z)|\leq\frac{M}{R}|z|,\quad |z|<R \tag{6.8}$$

$$|f'(0)|\leq\frac{M}{R} \tag{6.9}$$

が成立する．(6.8) が $0<|z|<R$ の一点で，又は (6.9) で等号が成立するのは次の場合に限る：

$$f(z)=e^{i\theta}\frac{M}{R}z \qquad (\theta\text{：実数}) \tag{6.10}$$

［証明］　$f(0)=0$ ゆえ $f(z)$ の原点のまわりのテイラー展開から $f(z)=z\varphi(z)$，$\varphi(z)=a_1+a_2z+\cdots$ と書ける．$\varphi(z)$ は $|z|<R$ で正則ゆえ，円板

$|z|\leq r$ $(<R)$ で最大値の原理を使うと $|\varphi(z)|\leq\max_{|\zeta|=r}|f(\zeta)/\zeta|\leq M/r$，$|z|<r$．$r\to R$ とすれば

$$|\varphi(z)|=\left|\frac{f(z)}{z}\right|\leq\frac{M}{R}$$

すなわち (6.8) をうる．$\varphi(0)=a_1=f'(0)$ ゆえ (6.9) が成立する．さて，(6.8) が等号 $|f(z_0)|=M|z_0|/R$ $(0<|z_0|<R)$ ならば $|\varphi(z_0)|=M/R$ ゆえ最大値の原理から $\varphi(z)\equiv$ 定数 $(M/R)e^{i\theta}$．(6.9) で等号ならば $|\varphi(0)|=M/R$ となり同じく定数となる．逆，すなわち (6.10) のとき等号成立は明らか．

問　題

1．$f(z)$ ($\neq$ 定数) が整関数ならば，任意の $a>0$ に対して集合 $E=\{z||f(z)|>a\}$ は空でない開集合でかつ非有界である．

2．$f(x)=e^{-1/x^2}$ $(x\neq 0)$，$f(0)=0$ で定義される実関数 f は C^∞ 級であるが，$x=0$ のまわりで x のべき級数に展開することはできない．

3．単連結領域 D で与えられた調和関数 $u(z)$ を実部にもつ正則関数が存在する．[$f(z)=u_x-iu_y$ は正則でその不定積分が求めるものである]

4．$u(z)$ が $|z-a|<R$ で劣調和ならば，$0\leq\rho<R$ に対し

$$u(a)\leq\frac{1}{\pi\rho^2}\iint_{|z-a|=\rho}u(z)dxdy,\quad z=x+iy$$

5．$f(z)$ は整関数で $\iint_C|f(z)|dxdy<\infty$ ならば $f(z)\equiv 0$．

6．$f(z)=u+iv$ が $|z|\leq R$ で正則ならば

(i)
$$f(0)=\frac{1}{2\pi}\int_0^{2\pi}f(Re^{i\varphi})d\varphi$$

(ii)
$$f(z)=\frac{1}{2\pi}\int_0^{2\pi}u(\zeta)\frac{\zeta+z}{\zeta-z}d\varphi+iv(0),\quad \zeta=Re^{i\varphi},\quad |z|<R.$$

伏見港水門付近

第 7 章　ローラン展開と孤立特異点

曲線 γ 上の連続関数 φ に対して $\int_\gamma \frac{\varphi(\zeta)}{\zeta - z} d\zeta$ をコーシー型積分という．これは各 $z \notin \gamma$ に対して有限な値をもつから $\boldsymbol{C} - \gamma$ で定義された z の関数を表わす．この章ではまずこの（正則）関数についてしらべる．前章で述べたような正則関数の基本的性質は実は，コーシーの積分公式 $f(z) = \frac{1}{2\pi i} \int_C \frac{f(\zeta)}{\zeta - z} d\zeta$ を通じて，コーシー型積分（が表わす関数）の性質から来ていることが分る．以下に述べるローラン展開もそうである．

次に関数 $f(z)$ が一点 a の近傍で a を除いて正則であるとき，a を f の孤立特異点という．第 3 節でこの孤立特異点の分類と，a の近傍における f の挙動について述べる．第 4 節は関連したお話である．

1．コーシー型積分

γ は複素平面 $\boldsymbol{C}$ 上の長さ有限な単一曲線（区分的滑らかでよい）とし，φ は γ 上の連続関数とするとき，

$$(7.1) \qquad \Phi(z) = \int_\gamma \frac{\varphi(\zeta)}{\zeta - z} d\zeta, \quad z \notin \gamma$$

を**コーシー型積分**という．$\Phi(z)$ は z について微分できるので $\boldsymbol{C} - \gamma$ で正則であり，その n 次導関数は

$$(7.2) \qquad \Phi^{(n)}(z) = (n!) \int_\gamma \frac{\varphi(\zeta)}{(\zeta - z)^{n+1}} d\zeta, \quad n = 1, 2, \cdots$$

で与えられる．また $\Phi(z)$ は各点 $a \in \boldsymbol{C} - \gamma$ でテイラー展開できる（(6.5) の証明参照）．正則関数はコーシーの積分公式によりコーシー型積分で表わされる．既に述べた「正則関数は無限回微分可能であり，さらにテイラー展開できる」という性質は，コーシー型積分のそれから来ているこ

とが分る．なお（7.2）より

$$\Phi^{(n)}(\infty)=\lim_{z\to\infty}\Phi^{(n)}(z)=0.$$

さて γ がとくに単一閉曲線の場合，γ の内部を D^+，γ の外部を D^- と表わすとき，$\Phi(z)$ は D^+ 及び D^- でそれぞれ正則な関数を表わすが，γ 上では一般にジャンプ（不連続性）をもつ（次の例 1 参照）．これについては**プレメリー**（J. Plemelj）**の定理**が知られている．ここでは例 3 でその重要な特殊な場合だけを示すことにする．

例 1　$\varphi(z)$ は $D^+\cup\gamma$ で正則な関数とし，それを γ 上に制限した関数 $\varphi(\zeta)$ に対するコーシー型積分 $\Phi(z)$ を考えると，コーシーの積分公式及び積分定理により

$$\Phi(z)=2\pi i\varphi(z),\quad z\in D^+,\quad \Phi(z)=0,\quad z\in D^-$$

であり，$\Phi(z)$ の γ 上の不連続性が見られる．

コーシー型積分（7.1）において $z=z_0\in\gamma$ のとき次のように考える．

コーヒーブレイク

北欧の関数論 I　厳しい寒さと雪，長い夜といった北欧の風土が土地の人々の生活様式や精神構造に大きい影響を与えていることは容易に想像される．辛抱強く生きる北欧の人にとって数学では解析学が適しているのかも知れない．とにかく北欧の解析学には深い独特のものがある．ここでは特に複素解析学を中心に北欧の研究者や大学について思いつくままに記すことにしたい．

第一にあげねばならないのは，**ノルウェーのアーベル**（1802-1829）であるが，アーベルについては更めて少し詳しく記すことにする．ちなみに，アーベルが学んだ**オスロー大学**はノルウェーでは最も古く，1811年デンマーク・ノルウェー王フリードリヒ 6 世によって首都オスローに創設された．後にリー群として発展した「変換群」の研究をした**リー**（Sophus Lie，1842-1899）もオスロー大学で学んだ．

$\rho>0$，$\gamma_\rho=\gamma-\{z||z-z_0|<\rho\}$ とし，γ の代りに γ_ρ をとった積分が $\rho\to 0$ のとき極限値をもつならば，それをコーシーの意味における積分の**主値** (principal value) といい

$$p.v.\int_\gamma \frac{\varphi(\zeta)}{\zeta-z_0}d\zeta\left(=\lim_{\rho\to 0}\int_{\gamma_\rho}\frac{\varphi(\zeta)}{\zeta-z_0}d\zeta\right)$$

と書く.

補題　単一閉曲線 γ の内部を D^+，$\varphi(z)$ は $D^+\cup\gamma$ で正則とする．もし γ が $z_0\in\gamma$ で接線をもつならば

(7.3)　$$p.v.\int_\gamma \frac{\varphi(\zeta)}{\zeta-z_0}d\zeta=\pi i\varphi(z_0).$$

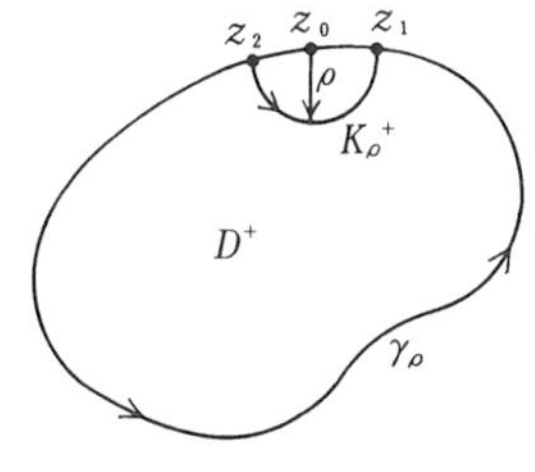

図7.1

これを示すために，z_0 を中心とし十分小さい半径 ρ の円 K_ρ をかく．γ は z_0 で接線をもつから K_ρ は γ と 2 点 $z_k=z_0+\rho e^{i\theta_k}$ $(k=1,2)$ で交わるとしてよい．$K_\rho^+=K_\rho\cap D^+$ とするとコーシーの積分定理により

次に**フィンランド**では，ヘルシンキ大学が今世紀に入ってネバンリンナを中心に複素解析の一大メッカになった．**ヘルシンキ大学**は同国最古の大学で，1640年スウェーデンのクリスチナ女王によって旧都トゥルクに創設された．1809年フィンランドはロシアの公国となり，1828年大学はヘルシンキに移った．フィンランドは1917年独立する．さてヘルシンキ大学の**リンデレフ** (Ernst Leonhard Lindelöf，1870-1946) はフランスの E. ボレルの最初の後継者の一人であり，そしてまたネバンリンナの先生である．リンデレフはボレルの値分布論を進展させ，また等角写像等函数論の基礎に多大の貢献をした．同大学の**ミィルベリ** (Pekka Juhana Myrberg，1892-1976) は一般論よりやや具体的な函数論を研究した．すなわち，保型函数，超楕円的リーマン面やある種のクライン群について，また晩年は多項式の反復合成等を研究し，い

R. ネバンリンナ

$$\int_{\gamma_\rho}\frac{\varphi(\zeta)}{\zeta-z_0}d\zeta=\int_{K_\rho^+}\frac{\varphi(\zeta)}{\zeta-z_0}d\zeta=i\int_{\theta_2}^{\theta_1}\varphi(z_0+\rho e^{i\theta})d\theta$$

但し K_ρ^+ 上の積分は z_2 から正の方向で z_1 に行く．$\rho\to0$ とすると $\theta_1-\theta_2\to\pi$ ゆえ，上の第三式は $\pi i\varphi(z_0)$ に収束し（7.3）をうる．

例 2　$I=p.v.\int_\gamma\frac{dz}{z^2-iz}$ を求めよ．但し積分は γ：$|z|=1$ の正の方向にとる．

$1/(z^2-iz)=1/i(z-i)-1/iz$，$\int_\gamma\frac{1}{z}dz=2\pi i$ ゆえ $I=\frac{1}{i}p.v.\int_\gamma\frac{dz}{z-i}-2\pi$．上の補題により $I=-\pi$．

例 3*　$f(x)$ は実軸 $\boldsymbol{R}=\{-\infty<x<\infty\}$ 上の C^1 級関数で $|f(x)|\leq M|x|^{-\alpha}$ $(\alpha>0)$，$|x|>G$ とする．このときコーシー型積分

$$F(z)=\int_{\boldsymbol{R}}\frac{f(x)}{x-z}dx$$

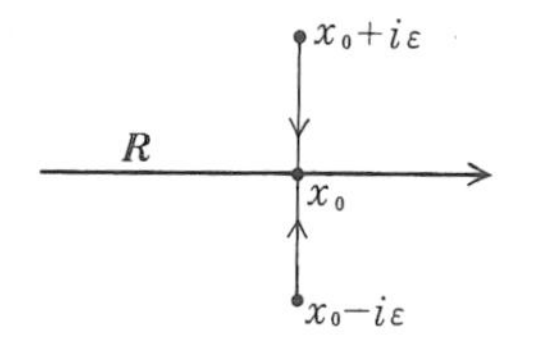

は $\boldsymbol{R}$ の外部で正則であり，各点 $x_0\in\boldsymbol{R}$ で極限値 $F^+(x_0)=\lim_{\varepsilon\to0}F(x_0+i\varepsilon)$ 及び $F^-(x_0)=\lim_{\varepsilon\to0}F(x_0-i\varepsilon)$（但し $\varepsilon>0$）は存在し，その値は次式

ろいろ問題を提供した．**F. ネバンリンナ**（Frithiof Nevanlinna，1894-1977）は（**R.**）**ネバンリンナ**の実兄であり，1922年弟との共著でネバンリンナ理論の第一段階をなしとげた．その後も値分布論に貢献した．ネバンリンナについては本文でふれた値分布理論のほかに，開リーマン面に関するパイオニア的研究がある．

ネバンリンナの弟子に**アールフォルス**（1907-）がいる．前に少し紹介したが，彼は1935年の論文「被覆面の理論」においてネバンリンナ理論を幾何学的に更に深め，第一回のフィールズ賞を受賞した．それ以後の研究者や研究は余りに多いので割愛する．ヘルシンキ大学の現学長**レヒト**（Olli Lehto，1925-）もネバンリンナの弟子の一人である．

1940年に，丁度その100年前から刊行のヘルシンキ大学の科学紀要から数物が分れて *Annales Academiae Scientiarum Fennicae* という雑誌（ミィルベリが長く編集）になり，これにネバンリンナを始め新しい函数論の諸研究が次々発表された．この雑誌は表紙の色から「黄表紙」ともいわれ戦後の日本の函数論学界に大きい影響を及ぼした．

で与えられる：

$$(7.4)\qquad \begin{aligned} F^{+}(x_0)&=p.v.\int_{\boldsymbol{R}}\frac{f(x)}{x-x_0}dx+\pi i f(x_0)\\ F^{-}(x_0)&=p.v.\int_{\boldsymbol{R}}\frac{f(x)}{x-x_0}dx-\pi i f(x_0)\end{aligned}$$

(7.4) 式は次式と同値である：

$$(7.5)\qquad \begin{aligned} F^{+}(x_0)-F^{-}(x_0)&=2\pi i f(x_0)\\ F^{+}(x_0)+F^{-}(x_0)&=2p.v.\int_{\boldsymbol{R}}\frac{f(x)}{x-x_0}dx\end{aligned}\qquad \text{（プレメリーの公式）}$$

［証明］（興味ある人のために）　$z\notin \boldsymbol{R}$ を固定すれば $|x|$ が十分大ならば $|f(x)/(x-z)|\leq M_1/|x|^{1+\alpha}$ ($M_1>0$ は定数) ゆえ積分 $F(z)$ は存在し，また $F(z)$ は $\boldsymbol{C}-\boldsymbol{R}$ で正則であることが分る．$\rho>0$ に対して

$$(7.6)\qquad F(z)=\int_{|x-x_0|>\rho}\frac{f(x)}{x-z}dx+\int_{x_0-\rho}^{x_0+\rho}\frac{f(x)-f(x_0)}{x-z}dx +f(x_0)\int_{x_0-\rho}^{x_0+\rho}\frac{dx}{x-z}.$$

$$\int_{x_0-\rho}^{x_0+\rho}\frac{dx}{x-z}=\log(x-z)\Big|_{x=x_0-\rho}^{x_0+\rho}=\log\left|\frac{x_0+\rho-z}{x_0-\rho-z}\right|+i\theta\to\pi i\qquad (\varepsilon\to 0).$$

次に

$$\int_{x_0-\rho}^{x_0+\rho}\frac{f(x)-f(x_0)}{x-z}dx\to\int_{x_0-\rho}^{x_0+\rho}\frac{f(x)-f(x_0)}{x-x_0}dx\qquad(\varepsilon\to 0)$$

を示そう．実際，その両積分の差の絶対値は

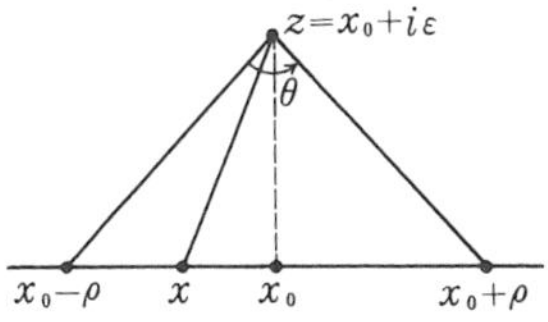

$$(7.7)\qquad \int_{x_0-\rho}^{x_0+\rho}\left|\frac{f(x)-f(x_0)}{x-x_0}\cdot\frac{z-x_0}{z-x}\right|dx$$

図7.2

より小さい．$f(x)$ は C^1 級ゆえ ρ が小ならば $x_0-\rho\leq x\leq x_0+\rho$ に対して $|(f(x)-f(x_0))/(x-x_0)|\leq|f'(x_0)|+\eta$，($\eta>0$) また $|(z-x_0)/(z-x)|=\varepsilon/\sqrt{(x-x_0)^2+\varepsilon^2}$ ゆえ，(7.7) は

$$\begin{aligned}&\leq(|f'(x_0)|+\eta)\int_{x_0-\rho}^{x_0+\rho}\frac{\varepsilon dx}{\sqrt{(x-x_0)^2+\varepsilon^2}}\\ &=(|f'(x_0)|+\eta)2\varepsilon[\log(\rho+\sqrt{\rho^2+\varepsilon^2})-\log\varepsilon]\to 0\qquad(\varepsilon\to 0).\end{aligned}$$

以上に注意し (7.6) 式で $\varepsilon\to 0$ ($z\to x_0$) とすると

$$\lim_{\varepsilon\to 0}F(x_0+i\varepsilon)=\int_{|x-x_0|>\rho}\frac{f(x)}{x-z_0}dx+\int_{x_0-\rho}^{x_0+\rho}\frac{f(x)-f(x_0)}{x-x_0}dx+\pi i f(x_0).$$

ここで $\rho\to 0$ とすると $|(f(x)-f(x_0))/(x-x_0)|$ は有界ゆえその積分は 0

に収束し（7.4）の第一式をうる．第2式も同様．

2．ローラン展開

$f(z)$ は点 c を中心とする同心円で囲まれた円環領域 $D: R_1<|z-c|<R_2$ で正則とする．但し $0\leqq R_1<R_2\leqq+\infty$．このとき $f(z)$ は D で，一般に負のべきを含んだ**ローラン級数**で一意的に表わされる：

$$(7.8)\qquad f(z)=\sum_{n=-\infty}^{\infty}a_n(z-c)^n$$

$$a_n=\frac{1}{2\pi i}\int_{|\zeta-c|=r}\frac{f(\zeta)}{(\zeta-c)^{n+1}}d\zeta,\quad R_1<r<R_2.$$

これを $f(z)$ の c における**ローラン展開**という（Pierre Alphonse Laurent, 1813-1854）．[コーシーの積分定理から上の r は $R_1<r<R_2$ なる限り何でもよいことに注意]　ローラン展開を示すために $z\in D$ を固定し，z を含む円環 $G: \rho_1<|z-c|<\rho_2\ (R_1<\rho_1<\rho_2<R_2)$ をとる．コーシーの積分公式により

$$f(z)=\frac{1}{2\pi i}\int_{C_2}\frac{f(\zeta)}{\zeta-z}d\zeta-\frac{1}{2\pi i}\int_{C_1}\frac{f(\zeta)}{\zeta-z}d\zeta$$
$$=f_2(z)+f_1(z),\quad z\in G$$

但し積分は円 $C_i: |z-c|=\rho_i$（$i=1,2$）を正の方向にとる．$f_i(z)$ はコーシー型積分であり $\mathbb{C}-C_i$ で正則である．特に $f_2(z)$ は $|z-c|<\rho_2$ で正則で，前回のようにテイラー展開：

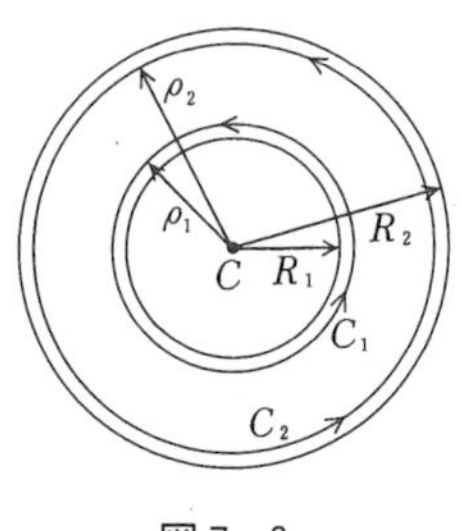

図7.3

$$f_2(z)=\sum_{n=0}^{\infty}a_n(z-c)^n$$

$$a_n=\frac{1}{2\pi i}\int_{C_2}\frac{f(\zeta)}{(\zeta-c)^{n+1}}d\zeta$$
$$=\frac{1}{2\pi i}\int_{|\zeta-c|=r}\frac{f(\zeta)}{(\zeta-c)^{n+1}}d\zeta$$

をもつ．これが (7.8) の正のべきの部分である．次に $|z-c|>\rho_1$ なる z に対して $\zeta\in C_1$ ならば $|\zeta-c|/|z-c|=\rho_1/|z-c|<1$ ゆえ，$\dfrac{-1}{\zeta-z}=\dfrac{1}{z-c}\cdot\dfrac{1}{1-(\zeta-c)/(z-c)}=\sum_{n=1}^{\infty}\dfrac{(\zeta-c)^{n-1}}{(z-c)^n}$ と展開され，この級数は $\zeta\in C_1$ について一様収束するから項別積分して

$$f_1(z)=\sum_{n=1}^{\infty}\frac{1}{(z-c)^n}\frac{1}{2\pi i}\int_{C_1}f(\zeta)(\zeta-c)^{n-1}d\zeta$$
$$=\sum_{n=-1}^{-\infty}a_n(z-c)^n$$

すなわち (7.8) の負のべきの部分がえられる．上の証明からローラン級数は D 内の任意のコンパクト集合上で一様収束することも分る．次に**展開の一意性**を示すために

$$f(z)=\sum_{n=-\infty}^{\infty}a_n(z-c)^n=\sum_{n=-\infty}^{\infty}b_n(z-c)^n,\quad z\in D$$

とする．両辺を $(z-c)^{m+1}$ でわって $|z-c|=r$ 上で項別積分すると，$\int_{|z-c|=r}(z-c)^k dz=0\,(k\neq-1)$，$=2\pi i\,(k=-1)$ に注意すれば $a_m=b_m\,(m=0,\pm1,\pm2,\cdots)$ が分る．すなわちどんな方法で上のように展開しても係数は (7.8) の a_n になっている．

3．孤立特異点

$f(z)$ が $0<|z-c|<R$ で定義され正則であるとき，c を $f(z)$ の**孤立特異点**という．点 c における $f(z)$ のローラン展開を

(7.9)　$$f(z)=\sum_{n=1}^{\infty}\frac{a_{-n}}{(z-c)^n}+\sum_{n=0}^{\infty}a_n(z-c)^n$$

とする．この負のべき級数部分を f のローラン展開の**主要部**という．主要部によって孤立特異点を分類しよう：

1°　主要部がないとき，c を $f(z)$ の**除去可能な特異点**という．このとき $f(c)=a_0$ と定義すると $f(z)=\sum_{n=0}^{\infty}a_n(z-c)^n$ は $|z-c|<R$ で成立し，右辺から $f(z)$ はそこで正則となる．

2°　主要部が有限個の項からなるとき，c を $f(z)$ の**極**という．例えば $f(z)=a_{-k}/(z-c)^k+\cdots\,(a_{-k}\neq0,\ k\geq1)$ ならば c は ***k* 位**の極という．そしてこのとき f は c のある近傍で

(7.10)　$$f(z)=(z-c)^{-k}g(z),\quad g(z)\neq0$$

と書ける．ここに $g(z)=a_{-k}+a_{-k+1}(z-c)+\cdots$ は $|z-c|<R$ で正則であり，$g(c)=a_{-k}\neq0$ ゆえ c の小さい近傍で $g(z)\neq0$．

3°　主要部が無限個の項からなるとき，c を $f(z)$ の**真性特異点**という．

［注意］　上記の孤立特異点の他の特徴付けとして，次のようにいうこともできる：

c が除去可能 $\Longleftrightarrow \lim_{z \to c} f(z)$ が存在する．

c が極 $\Longleftrightarrow z \to c$ のとき $f(z) \to \infty$

c が真性特異点 $\Longleftrightarrow z \to c$ のとき $f(z)$ は極限値（∞ もこめて）をもたない

ここで孤立特異点に関する二つの定理を示そう．まず除去可能性の判定条件として，次の**リーマンの定理**がある．よく使われるものである．

定理　$f(z)$ が $0<|z-c|<R$ で正則でかつ有界ならば，c は $f(z)$ の除去可能な特異点である．

実際，$f(z)$ のローラン展開（7.9）の係数 a_{-n} は

$$|a_{-n}| = \left| \frac{1}{2\pi i} \int_{|z-c|=r} f(z)(z-c)^{n-1} dz \right| \leq Mr^n, \quad n=1, 2, \cdots$$

但し $|f(z)| \leq M$，$0<r<R$．よって $r \to 0$ とすれば $a_{-n}=0$，すなわち f の主要部は 0 であり，c は除去可能である．

次は**ワイエルシュトラスの定理**である．

定理　$f(z)$ は $0<|z-c|<R$ で正則とし，c は $f(z)$ の真性特異点とすれば，任意の複素数 A（∞ も含む）に対して

$$f(z_n) \to A, \quad z_n \to c \qquad (n \to \infty)$$

となる点列 $\{z_n\}$ が存在する．

実際，例えば $A \neq \infty$ とし，結論を否定すれば，c のある近傍で $|f(z) - A| \geq \delta > 0$ となる．そこでは $g(z) = 1/(f(z)-A)$ は正則であり，$|g(z)| \leq 1/\delta$ すなわち有界であるからリーマンの定理により c は $g(z)$ の除去可能特異点である．従って $g(z)$ は c をこめて正則としてよい．正則関数は局所的に $g(z) = (z-c)^k g_1(z)$（$k \geq 0$，g_1 は正則でかつ $\neq 0$）と書けるから，$f(z) = A + 1/g(z)$ はそこで正則或いは c を極にもつことになり仮定に矛盾する．

これまでは $c \neq \infty$ としたが，$c = \infty$ の場合について注意しておこう．$f(z)$ の ∞ におけるローラン展開は

$$f(z) = \sum_{n=1}^{\infty} \frac{a_{-n}}{z^n} + \sum_{n=1}^{\infty} a_n z^n, \quad R<|z|<\infty$$

という形であり，最初の級数は ∞ で正則な関数を表わす．そして $\sum a_n z^n$ を ∞ における f のローラン展開の**主要部**という．これによって前と同様に，∞ が除去可能，極，真性特異点の定義が与えられ，上述のリーマンの定理やワイエルシュトラスの定理も同様に成立する．

例 4
$$f(z)=e^z=\sum_{n=0}^{\infty}\frac{z^n}{n!},\quad |z|<\infty$$

この $z=0$ のまわりのテイラー展開は同時に ∞ におけるローラン展開を与える（展開の一意性）．従って ∞ は e^z の真性特異点である．

ここで任意の複素数 A（$\neq 0$）に対して方程式
$$e^z=A$$
の解すなわち e^z の A 点について注意する．その解は $z=z_n=\log|A|+i(\arg A+2n\pi)$, $n=0, \pm 1, \pm 2, \cdots$ であり $z_n\to\infty\,(n\to\infty)$．ところで $e^z\neq 0$ ゆえ，$A=0$ に対しては解はない．すなわち e^z の真性特異点 ∞ の近傍には，0 を除くすべての値 A に対して e^z の A 点が無数に存在する．0 は e^z の除外値と呼ばれる．

関数 $f(z)$ が領域 D において極を除いて正則であるとき f は D で**有理型**（meromorphic）であるという．例えば多項式の商である有理関数は $\hat{\boldsymbol{C}}=\boldsymbol{C}\cup\{\infty\}$ で有理型である．また，D で正則な関数の商は D で有理型関数である．一般に，D における有理型関数は体をなす．すなわち有理型関数の和，差，積及び商は有理型関数である．有理型関数の A 点（∞ も含めて）は定義領域の内点には集積しない（問題 9）．

$f(z)$ が $0<|z-c|<R$（或いは $R'<|z|<\infty$）で有理型であるが $|z-c|<R$（或いは $R'<|z|$）では有理型でないとき $z=c$（或いは ∞）を f の**真性特異点**という．このときもワイエルシュトラスの定理が成立し，f は真性特異点の近傍で任意の値にいくらでも近い値をとる．

有理型関数に関する基本的事項は後に述べることにし，次節では有理型関数の値分布論の発展史をスケッチしよう．

4．値分布論

n 次の多項式 $P(z)$ に対して $P(z)=A$ の解（$P(z)$ の A 点）は代数学の基本定理により重複度をこめて丁度 n 個ある．$P(z)$ の代りに多項式でない整関数 $f(z)$ を考えると，f は無限個の項からなる z のべき級数（テイラー級数）に展開される．従って粗い類推で，f の A 点は無数にありそうであるが，例 4 のように A 点が全くない場合がある．このような値 A を f の（**ピカールの**）**除外値**という．では一般に f の除外値はいくつあるのだろうか？　この問題を解決したのは**ピカール**（Charles Émile Picard, 1856-1941）である．すなわち彼は1879年「真性特異点をもつ整関数の除外値は高々一つである」という結果を示した（**ピカールの定理**）．整関数は ∞ をとらないから ∞ を入れれば除外値は高々二つである．その後ピカールの定理は有理型関数にも拡張された．

一方，値分布の定量的研究も始った．ポアンカレ(1883)，アダマール(1893)等は整関数の零点の分布と関数の増大度に関係があることを示した．**E. ボレル**（Émile Borel, 1871-1956）はこれらの研究を整理し，さらに零点のみならず一般な値の分布問題に拡げた．これらの研究はすべて関数の位数（$\overline{\lim_{r\to\infty}} \log\log M(r)/\log r$）が有限な場合であり，今世紀に入っても位数 ∞ の場合とか有理型関数の値分布については手探り状態が続いた．このような状況の中で，ピカール以来の値分布に関する結果を統一する有理型関数の値分布論を確立したのが**ネバンリンナ**（Rolf Nevanlinna, 1895-1980）である．その理論は1922年から断片的に発表され，1925年の論文（*Acta Math*, 46巻, 1-99）でその全容が示された．この理論はその後，ネバンリンナ自身はじめアールフォルス，ワイル等多くの数学者が更にその内容を深くまた大きく発展させ現在に至っている．ワイルも言ったようにネバンリンナ理論は20世紀数学の一大モニュメントであろう．

（参考文献）

R. Nevanlinna : *Eindeutige analytische Funktionen*, Springer Verlag 1936.　英訳 *Analytic functions*, Springer Verlag 1970.

W.K. Hayman : *Meromorphic functions*, Clarendon Press, Oxford, 1964.

O. Lehto : *On the birth of the Nevanlinna theory*, Ann. Acad. Sci. Fenn. Ser. A. I. *Math*, 7, 1982, 5-23.

問　題

1．$p.v.\int_{|z|=2} \frac{z}{z^2+4}dz$ を求めよ．

2．次の関数の，括弧内の円環でのローラン展開を求めよ．

(1)　e^z/z^2　　$(0<|z|<\infty)$

(2)　$1/(z-1)$　　$(1<|z|<\infty)$

(3)　$1/(z-2)(z+3)$　　$(2<|z|<3)$

3．$f(z)=\sum_{n=-\infty}^{\infty} a_n(z-c)^n$ を円環 $R_1<|z-c|<R_2$ におけるローラン展開とするとき

$$\frac{1}{2\pi}\int_0^{2\pi}|f(c+re^{i\theta})|^2 d\theta=\sum_{n=-\infty}^{\infty}|a_n|^2 r^{2n},\quad R_1<r<R_2$$

を示せ．これより $n=0, \pm 1, \pm 2, \cdots$ に対して

$$|a_n|\leq\frac{M(r)}{r^n},\quad M(r)=\max_{|z-c|=r}|f(z)|$$

4．$f(z)$ が帯状領域 $\{z|-a<\mathrm{Im}\, z<a, a>0\}$ で正則であり，$f(z+2\pi)=f(z)$ ならば次のフーリエ展開が成り立つ：

$$f(z)=\sum_{n=-\infty}^{\infty} c_n e^{inz},\quad c_n=\frac{1}{2\pi}\int_0^{2\pi} f(x)e^{-inx}dx.$$

5．$\dfrac{\sin z}{z}$　$(z\neq 0)$　に対して $z=0$ は除去可能特異点である．

6．$f(z)$ は領域 D：$0<|z|<1$ で正則で $\iint_D |f(z)|^2 dxdy<\infty$　$(z=x+iy)$　ならば $z=0$ は f に対して除去可能である．

7．$f(z)$ は $0<|z-c|<R$ で正則，ある正整数 m に対して $\lim_{z\to c}(z-c)^m f(z)$ が存在しかつ $\neq 0$ ならば，c は f の m 位の極である．

8．$f(z)=1/\sin z$ は $\boldsymbol{C}$ で有理型であり ∞ を真性特異点にもつことを示せ．$f(z)$ の除外値は何か？

9．有理型関数 f の A 点（極も含む）は f の定義領域 D 内に集積点をもたない．

10*．D は領域，γ は区分的に滑らかな曲線とする．$f(z, w)$ は $z\in D$，$w\in\gamma$ で定義された関数で，2 変数 (z, w) について連続でかつ，各 w を固定したとき z の正則関数とすれば，$F(z)=\int_\gamma f(z, w)dw$ は D で正則であり，

$$F^{(k)}(z)=\frac{d^k}{dz^k}\int_\gamma f(z, w)dw=\int_\gamma \frac{\partial^k}{\partial z^k}f(z, w)dw,\quad k=1, 2, \cdots$$

チャペル

第 8 章　留数解析

実関数の定積分は，実際やってみたことのある人なら誰でも知っているように，すぐに公式に帰着できるような演習問題用の簡単なもの以外は殆んどできない，或いは原理的に分っていても計算の実行が大変でできないのが普通である．ところがそれを複素化して以下に述べる留数(りゅうすう)定理を使うと，可成り複雑な実関数の定積分でも簡単にできる．これがコーシーの目標であったし，また今日も初等関数論の一つのピークである．

留数定理はこのような積分計算の実用的目的だけでなく，理論的にも大変重要である．その直接的応用として偏角の原理などがある．これらについて述べていこう．

1．留　　数

$f(z)$ は $0<|z-c|<R$ で正則とし，c におけるローラン展開を $f(z)=\sum_{n=-\infty}^{\infty} a_n(z-c)^n$ とするとき，$(z-c)^{-1}$ の係数 a_{-1} を $f(z)$ の点 $z=c$ における**留数** (residue) といい，$\operatorname*{Res}_{c} f(z)$ とか $\mathrm{Res}(f, c)$ 等と書く．定義から

(8.1)
$$\operatorname*{Res}_{c} f(z)=a_{-1}=\frac{1}{2\pi i}\int_{C_r} f(z)dz$$

ここに積分は円 C_r：$|z-c|=r$ $(0<r<R)$ を正の方向にとる．$f(z)$ が $z=c$ も含めて正則ならば $\mathrm{Res}(f, c)=0$ であるが，逆はいえない．例えば $f(z)=1/(z-c)^2$．

$z=c$ が $f(z)$ の k 位の極ならば

(8.2)
$$\operatorname*{Res}_{c} f(z)=\frac{1}{(k-1)!}\lim_{z\to c}\frac{d^{k-1}}{dz^{k-1}}[(z-c)^k f(z)]$$

である．実際，このとき $z=c$ の近傍で $f(z)=g(z)/(z-c)^k$，$g(z)=c_0+c_1(z-c)+c_2(z-c)^2+\cdots$ と書ける．$\mathrm{Res}(f,c)=c_{k-1}$ であり

$$\frac{d^{k-1}}{dz^{k-1}}[(z-c)^k f(z)]=(k-1)!\,c_{k-1}+\cdots\to(k-1)!\,c_{k-1}\qquad(z\to c).$$

ゆえに (8.2) をうる．特に $k=1$ のときは非常に簡単で

$$(8.2)'\qquad \mathop{\mathrm{Res}}_{c} f(z)=\lim_{z\to c}(z-c)f(z).$$

この応用として，$f_1(z)$，$f_2(z)$ が正則で $f_2(c)=0$，$f_2'(c)\neq 0$ ならば

$$(8.2)''\qquad \mathop{\mathrm{Res}}_{c}\frac{f_1(z)}{f_2(z)}=\frac{f_1(c)}{f_2'(c)}.$$

実際，(8.2)′ により $\mathrm{Res}(f_1/f_2, c)=\lim_{z\to c}(z-c)f_1(z)/f_2(z)=\lim_{z\to c} f_1(z)/(f_2(z)-f_2(c))/(z-c)=f_1(c)/f_2'(c)$.

無限遠点 ∞ における留数は，$f(z)$ の ∞ におけるローラン展開を $f(z)$

コーヒーブレイク

北欧の関数論II　**スウェーデン**における函数論研究の先駆者は**ミッタグ・レフラー**（Magnus Gösta Mittag-Leffler）であろう．1846年3月16日ストックホルム生れで，父は小学校の校長であった．ミッタグ・レフラーは**ウプサラ大学**（北欧最古の大学で1477年創立）で学びそこで学位をえたが(1872)，彼はベルリンのワイエルシュトラスの弟子の一人である．無限個の極をもつ有理型関数の構成は彼の重要な業績であり，このほか解析学の諸分野に多くの貢献をした．彼はウプサラ大学で教えたのち，**ストックホルム大学**（1877年に創設）の教授となり，また後に学長となった．1883年ミッタグ・レフラーはワイエルシュトラスの愛弟子**ソニヤ・コヴァレウスカヤ**を同大学講師に招いた．当時は女性が大学で聴講することすら難しかった時代であったから，このことは大学で物議をかもした．しかしコヴァレウスカヤの講義は評判がよく，さらに彼女の力作「剛体の定点のまわりの回転の問題について」という論文がパリーのアカデミーのボルダン賞を受賞したので，ミッタグ・レフラーは喜び彼女を教授に抜擢した．女性数学者として万丈の気をはいた彼女はしかし2年後1891年なくなった．1882年ミッタグ・レフラーは数学の専門雑誌 *Acta Mathematica* を創

$=\sum_{n=-\infty}^{\infty} b_n z^n$，$R<|z|<\infty$ とするとき

$$\text{(8.3)} \qquad \operatorname*{Res}_{\infty} f(z) = -b_{-1} = \frac{1}{2\pi i}\int_{-C_r} f(z)\,dz$$

と定義する．但し積分は円 C_r：$|z|=r\ (>R)$ を負の方向にとった $-C_r$（∞ に関しては正の方向）についてとる．もし $\lim_{z\to\infty} zf(z)$ が存在し 0 でも ∞ でもないならば

$$\text{(8.4)} \qquad \operatorname*{Res}_{\infty} f(z) = -\lim_{z\to\infty} zf(z).$$

留数定理　D は単一閉曲線 C で囲まれた有界領域とする．$f(z)$ は D 内の有限個の点 $z_j\,(1\leq j\leq N)$ を除いて $D\cup C$ で正則であるとすれば

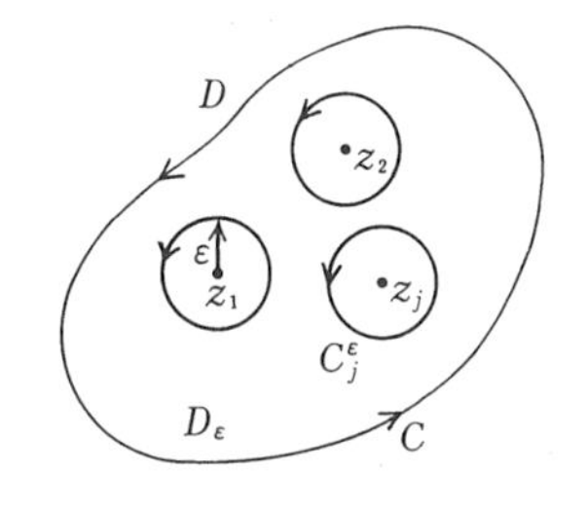

図8.1

刊，長く編集委員長をつとめた．同誌は解析学の伝統的雑誌として今日も有名である．1927年7月12日没．ストックホルム郊外にミッタグ・レフラー研究所がある．

ウプサラ大学　　山下純一氏提供

ウプサラ大学ではその後複素解析方面で**ヴィマン**(Anders Wiman, 1865-1959)，**カーレマン**(Torsten Carleman, 1892-1949)，**ブーリン**(Arne Karl-August Beurling, 1905-1986)**カーレソン**(Lennart Axel Edward Carleson, 1928-)等が輩出した．ヴィマンは整関数の諸研究，カーレマンは整関数や準解析関数，フーリエ解析などの分野で顕著な貢献をした．カーレマンの研究で次の発展を呼んだものは少くないが今後も見直されるべきものがあろう．ブーリンは学位論文（1933）において，後年アールフォルスとの共著で確立した「極値的長さ」の概念（の原形）を導入して調和測度の評価を与えたほか，非孤立特異点における有理型関数の値分布論すなわち，「集積値集合の理論」の口火を切った．この影響から同理論は，日本でも一時期盛んに研究さ

$$\frac{1}{2\pi i}\int_C f(z)dz=\sum_{j=1}^{N}\operatorname*{Res}_{z_j} f(z).$$

証明は簡単である．$\varepsilon>0$ を十分小さくとり z_j の ε 近傍 U_j^ε $(\subset D)$ が互いに共通点をもたないようにする．$f(z)$ は $D_\varepsilon=D-\bigcup_{j=1}^{N}(U_j^\varepsilon\cup C_j^\varepsilon)$ $(C_j^\varepsilon=\{|z-z_j|=\varepsilon\})$ 及びその周上で正則ゆえ，コーシーの積分定理により $\int_{\partial D_\varepsilon}f(z)dz=0$，すなわち

$$\int_C f(z)dz=\sum_{j=1}^{N}\int_{C_j^\varepsilon}f(z)dz=2\pi i\sum_{j=1}^{N}\operatorname*{Res}_{z_j} f(z)$$

但し C_j^ε 上の積分は正の方向（∂D_ε の方向とは反対）である．

系　全平面 $\hat{\boldsymbol{C}}=\boldsymbol{C}\cup\{\infty\}$ で高々有限個の孤立特異点を除いて正則な関数 $f(z)$ の留数の総和は 0 に等しい．

実際，R を十分大きくとり $|z|\geq R$ 上の孤立特異点は高々 ∞ のみとす

れた．ブーリンは1954年からアメリカのプリンストン高級研究所の教授，彼は調和解析の分野にも貢献した．カーレソンは有界正則関数の補間問題（コロナ問題）やフーリエ級数の残された難問（二乗可積分関数の（従って連続関数の）フーリエ級数がほとんど至る所収束する）を解決し世界の注目を集めた．

スウェーデンの南部にある**ルンド大学**は1668年創立である．同大学の教授**リース**（Marcel Riesz，1886-1969）はルベーグ積分を用いたポテンシャル論の近代化のさきがけを与えた．彼の弟子の**フロストマン**（Otto Albin Frostman，1907-1977）は学位論文（1935）で近代ポテンシャル論の基礎を確立すると共に，有理型関数の値分布論に新しい応用を与えた．

最後に**デンマーク**では，**コペンハーゲン大学**が古く1479年に創設された．同大学は1928年**オーフス大学**ができるまではデンマークで唯一つの総合大学であった．複素解析関係ではコペンハーゲン大学で学び後に教授になった**ボーア**（Harald Bohr，1887-1951）がいる．彼はディリクレ級数，ゼータ関数の研究や概周期関数の建設に貢献したが，その後の流れについて筆者は知らない．むしろ，ドイツからコペンハーゲンに来た幾何学者**ニールセン**（Jakob Nielsen，1890-1959）及び**フェンヒェル**（Werner Fenchel，1905-1988）による双曲幾何学や不連続群の幾何学的研究が近年のクライン群研究に関連して見直されている．

ると，$\{|z|<R\}$ 上で留数定理から

$$\frac{1}{2\pi i}\int_{|z|=R} f(z)dz=\sum \operatorname*{Res}_{z_j} f(z).$$

一方左辺は定義から $-\operatorname*{Res}_{\infty} f(z)$ に等しい．

例1　$f(z)=\dfrac{e^{2z}}{z(z^2+1)}$ の特異点における留数を求めよ．

$f(z)=e^{2z}/z(z-i)(z+i)$ は $z=0, i, -i$ において1位の極をもち，(8.2)$'$ により

$$\mathrm{Res}(f, 0)=\lim_{z\to 0} zf(z)=1,$$

$$\mathrm{Res}(f, i)=\lim_{z\to i}(z-i)f(z)=-\frac{e^{2i}}{2}$$

同様にして $\mathrm{Res}(f, -i)=-e^{-2i}/2$．$\infty$ は真性特異点で，系より

$$\mathrm{Res}(f, \infty)=-\left(1-\frac{e^{2i}}{2}-\frac{e^{-2i}}{2}\right)=-1+\cos 2.$$

2．定積分の計算

実変数関数 $f(x)$ の定積分 $\int_a^b f(x)dx$ $(-\infty\leq a<b\leq+\infty)$ を計算するのに，それを適当な複素積分に拡張し留数定理を用いて簡単に計算するという方法がある．以下，若干の典型的な場合について述べる．

Ⅰ．$R(x, y)$ は x，y に関する有理関数であるとき

$$I=\int_0^{2\pi} R(\sin\theta, \cos\theta)d\theta$$

を計算する．$z=e^{i\theta}$ とすると

$$\sin\theta=(e^{i\theta}-e^{-i\theta})/2i=\left(z-\frac{1}{z}\right)\Big/2i,$$

$$\cos\theta=\left(z+\frac{1}{z}\right)\Big/2,$$

$d\theta=\dfrac{dz}{iz}$ ゆえ

$$I=\int_{|z|=1} R\left(\frac{1}{2i}\left(z-\frac{1}{z}\right), \frac{1}{2}\left(z+\frac{1}{z}\right)\right)\frac{dz}{iz} \tag{8.5}$$

と変形される．被積分関数は z の有理関数であり，留数定理により I は，

$|z|<1$ 内にあるその有理関数の留数の総和の $2\pi i$ 倍である．

例 2　$I=\int_0^{\pi}\frac{d\theta}{a+\cos\theta}\qquad(a>1)$

$$I=\frac{1}{2}\int_0^{2\pi}\frac{d\theta}{a+\cos\theta}=\frac{1}{2}\int_{|z|=1}\frac{1}{a+(z+1/z)/2}\frac{dz}{iz}$$
$$=-i\int_{|z|=1}\frac{dz}{z^2+2az+1}$$

$z^2+2az+1=(z-\alpha)(z-\beta)$，$\alpha=-a+\sqrt{a^2-1}$，$\beta=-a-\sqrt{a^2-1}$ とすると，$|\alpha|<1$，$|\beta|>1$．よって留数定理（或いはコーシーの積分公式）により

$$I=-i\left(2\pi i\frac{1}{\alpha-\beta}\right)=\frac{\pi}{\sqrt{a^2-1}}.$$

II．$R(x)=P(x)/Q(x)$ を x の有理関数，多項式 P，Q の次数を m，n とする．もし $Q(x)\neq 0$，$-\infty<x<\infty$ かつ $n\geq m+2$ ならば

(8.6)
$$\int_{-\infty}^{+\infty}R(x)dx=2\pi i\sum_{j=1}^{N}\operatorname*{Res}_{z_j}R(z),$$

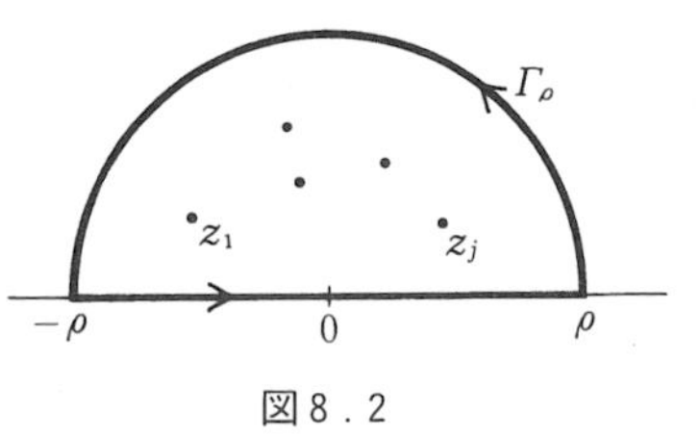

図8．2

ここに $z_1,\cdots,z_N$ は上半平面 $\mathrm{Im}\,z>0$ にある $R(z)$ の極である．(8.6) を示すために $z_1,\cdots,z_N$ をすべて含む半径 ρ の半円板をとると（図８．２参照），留数定理から

$$\int_{-\rho}^{\rho}R(x)dx+\int_{\Gamma_\rho}R(z)dz=2\pi i\sum_{j=1}^{N}\operatorname*{Res}_{z_j}R(z).$$

ここで $\rho\to\infty$ とすれば条件 $n\geq m+2$ から容易に $\int_{\Gamma_\rho}R(z)dz\to 0$ となり (8.6) をうる．

III．$R(x)=P(x)/Q(x)$ を有理関数，多項式 P，Q の次数を m，n とし $n\geq m+1$ とする．また $Q(x)\neq 0$，$-\infty<x<\infty$ とし，$\alpha>0$ とすると

(8.7)
$$\int_{-\infty}^{\infty}R(x)e^{i\alpha x}dx=2\pi i\sum_{j=1}^{N}\operatorname*{Res}_{z_j}[R(z)e^{i\alpha z}].$$

［注意］ (8.7) の両辺の実部或いは虚部をとれば積分 $\int_{-\infty}^{\infty}R(x)\cos\alpha x\,dx$ 或いは $\int_{-\infty}^{\infty}R(x)\sin\alpha x\,dx$ が計算できる．

(8.7) を示すために図８．２の積分路をとる．前のように $J(\rho)=\int_{\Gamma_\rho}$

$R(z)e^{iaz}dz \to 0$ $(\rho\to\infty)$ を示せばよい．$n\geq m+1$ ゆえ $R(z)$ は ∞ で少くとも1位の零点をもつ．従って Γ_ρ 上で $|R(z)|<\varepsilon$ としてよい．

$$|J(\rho)|=\left|\int_0^{\pi} R(\rho e^{i\theta})e^{ia\rho e^{i\theta}}i\rho e^{i\theta}d\theta\right|\leq \varepsilon\rho\int_0^{\pi} e^{-a\rho\sin\theta}d\theta$$

$$=2\varepsilon\rho\int_0^{\frac{\pi}{2}} e^{-a\rho\sin\theta}d\theta$$

ここで $0\leq\theta\leq\pi/2$ に対して不等式 $\sin\theta\geq 2\theta/\pi$ を用いると

$$|J(\rho)|\leq 2\varepsilon\rho\int_0^{\frac{\pi}{2}} e^{-2a\rho\theta/\pi}d\theta=\frac{\varepsilon\pi}{a}(1-e^{-a\rho})<\frac{\pi}{a}\varepsilon$$

すなわち $J(\rho)\to 0$ $(\rho\to\infty)$．

例3
$$I=\int_{-\infty}^{\infty}\frac{x^3\sin ax}{1+x^4}dx,\quad a>0$$

(8.7) により $I=\mathrm{Im}[2\pi i\sum_{z_j}\mathrm{Res}(R(z)e^{iaz})]$，$R(z)=z^3/(z^4+1)$．ところで $z^4+1=0$ の4根 $z_k=\exp(i(2k+1)\pi/4)$ $(k=0,1,2,3)$ のうち上半平面にあるのは $z_0=e^{i\pi/4}$ と $z_1=e^{i3\pi/4}$ である．(8.2)″ を用いて

$$\mathrm{Res}_{z_0}(R(z)e^{iaz})=\frac{z_0^3e^{iaz_0}}{4z_0^3}=\frac{1}{4}e^{iaz_0},\quad z_0=\frac{1}{\sqrt{2}}(1+i)$$

同様にして $\mathrm{Res}_{z_1}(R(z)e^{iaz})=\frac{1}{4}e^{iaz_1}$，$z_1=\frac{1}{\sqrt{2}}(-1+i)$．よって

$$I=\mathrm{Im}\left[2\pi i\frac{1}{4}e^{-a/\sqrt{2}}(e^{ia/\sqrt{2}}+e^{-ia/\sqrt{2}})\right]$$

$$=\pi e^{-a/\sqrt{2}}\cos\frac{a}{\sqrt{2}}.$$

Ⅳ．$R(x)=P(x)/Q(x)$ を有理関数，多項式 P，Q の次数を m，n とし $n\geq m+2$ とする．また $Q(x)\neq 0$，$0<x<\infty$ で，$x=0$ では高々1位の零点をもつとする．このとき $0<a<1$ に対して

(8.8)

$$\int_0^{+\infty}x^aR(x)dx=\frac{2\pi i}{1-e^{2\pi ai}}\sum_{z_j}\mathrm{Res}(z^aR(z)),$$

ここに $\{z_j\}$ は $R(z)$ の原点を除く極の全体である．

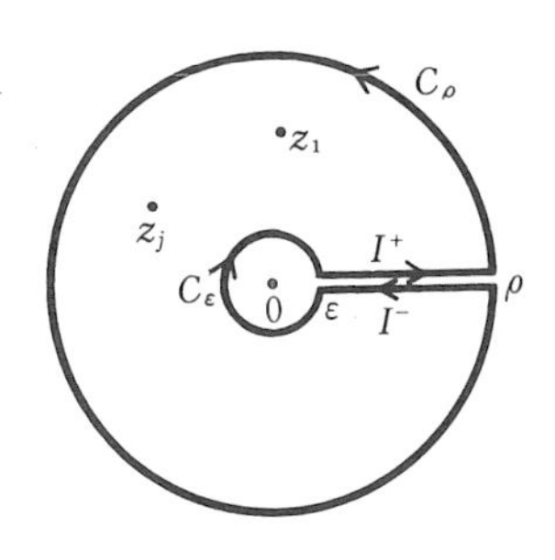

図8.3

(8.8) の積分のために複素関数 $z^aR(z)$ を考えるが，これまでの型のものと違い z^a $(=e^{a\log z})$ は多価関数であるので積分路を図

8．3のようにとる．すなわち，$x=\varepsilon\ (>0)$ から ρ まで実軸に沿って切りその上岸を $I^+=I^+(\varepsilon,\rho)$，下岸を I^- とし，$C_\rho+I^-+C_\varepsilon+I^+$ を図の方向に一周しその内部で留数定理を使う．このとき $\log z$ は $0\leq\arg z\leq 2\pi$ の分枝をとるものとする．$\log z$ は原点のまわりを正の方向に一周すると $2\pi i$ だけ増加するから，I^+ 上の関数 z^a は I^- 上で $e^{a(\log z+2\pi i)}=e^{2\pi ai}z^a$ となることに注意すれば，

$$\int_{I^+}+\int_{I^-}z^aR(z)dz=(1-e^{2\pi ai})\int_\varepsilon^\rho x^aR(x)dx.$$

よって $\int_{C_\varepsilon}z^aR(z)dz\to 0\ (\varepsilon\to 0)$，$\int_{C_\rho}z^aR(z)dz\to 0\ (\rho\to\infty)$ を示せば (8.8) がえられる．仮定により $R(z)$ は ∞ で少くとも 2 位の零点をもち $|R(z)|\leq K/|z|^2$ (K は定数)．そして

$$\left|\int_{C_\rho}z^aR(z)dz\right|\leq\int_0^{2\pi}\rho^a|R(\rho e^{i\theta})|\rho d\theta$$
$$\leq\frac{2\pi K}{\rho^{1-a}}\to 0\qquad(\rho\to\infty).$$

C_ε 上の積分も仮定を用いて容易に ε と共に 0 に収束することが分る．

例 4
$$I=\int_0^\infty\frac{x^{a-1}}{1+x}dx,\quad 0<a<1$$

$I=\int_0^\infty x^aR(x)dx$，$R(x)=1/x(x+1)$ ゆえ (8.8) によって計算すればよい．$\operatorname*{Res}_{-1}z^a/z(z+1)=\lim_{z\to-1}e^{a\log z}/z=-e^{a\pi i}$ ゆえ

$$I=\frac{2\pi i}{1-e^{2\pi ai}}(-e^{a\pi i})=\frac{\pi}{\sin a\pi}.$$

3．偏角の原理

次の定理 8.1 及びその変形である定理 8.1′ を**偏角の原理** (argument principle) という．

定理 8.1　単一閉曲線 C で囲まれた有界領域を D とし，$f(z)$ は $D\cup C$ で有理型でかつ，C 上には零点も極ももたないとすれば

$$\frac{1}{2\pi i}\int_C\frac{f'(z)}{f(z)}dz=n(0,f)-n(\infty,f),\tag{8.9}$$

但し $n(\alpha,f)$ は D 内の f の α 点の個数（重複度を含めた）を表わす．

［証明］　$z=a$ を f の k 位の零点（或いは極）とすると，a の近傍で

$f(z)=(z-a)^k g(z)$，$g(z)$ はそこで正則でかつ $\neq 0$，と書ける（極のときは k を $-k$ とすればよい）．

$$\frac{f'(z)}{f(z)}=\frac{k}{z-a}+\frac{g'(z)}{g(z)}$$

であり $g'(z)/g(z)$ はそこで正則ゆえ $\mathrm{Res}(f'/f, a)=k$（或いは $-k$）．ところで有理型関数 f'/f の極は f の零点と極以外に現われないから留数定理により（8.9）をうる！

α（$\neq\infty$）は任意の複素数とし，C 上で $f(z)\neq\alpha$ ならば（8.9）の f の代りに $f-\alpha$ を考えると（8.9）より一般に

(8.9)′
$$\frac{1}{2\pi i}\int_C \frac{f'(z)}{f(z)-\alpha}dz=n(\alpha, f)-n(\infty, f)$$

をうる．さて（8.9）の左辺の積分は

$$\int_C \frac{f'(z)}{f(z)}dz=\int_C \frac{d}{dz}\log f(z)dz=\int_C d\log f(z)$$
$$=\int_C d\log|f(z)|+i\int_C d\arg f(z)$$

と書け，$\log|f(z)|$ は z が C を一周後同じ値に戻るから $\int_C d\log|f(z)|=0$．従って，

定理 8.1′　定理 8.1 と同じ条件のもとで

(8.10)
$$\frac{1}{2\pi}\int_C d\arg f(z)=n(0, f)-n(\infty, f).$$

定理 8.1 で $f(z)\neq 0, \infty, z\in C$ と仮定したが，この仮定を除くと次のようになる：

定理 8.1″　$f(z)$ は $D\cup C$ で有理型とする．$f(z)$ の C 上の零点及び極において C が接線もつならば

(8.11)
$$\frac{1}{2\pi i}p.v.\int_C \frac{f'(z)}{f(z)}dz=n'(0, f)-n'(\infty, f)$$

ここに $n'(\alpha, f)$ は D 内の f の α 点の個数と，C 上の α 点の個数の半分の和である．勿論個数は重複度を含めて数える．

偏角の原理の応用として次の**ルーシェの定理**を示す（Eugène Rouché，1832–1910）．

定理 8.2　単一閉曲線 C で囲まれた領域を D とする．$f(z)$，$g(z)$ は $D\cup C$ で正則で，C 上で $|f(z)|>|g(z)|$ ならば

(8.12)
$$n(0, f+g)=n(0, f).$$

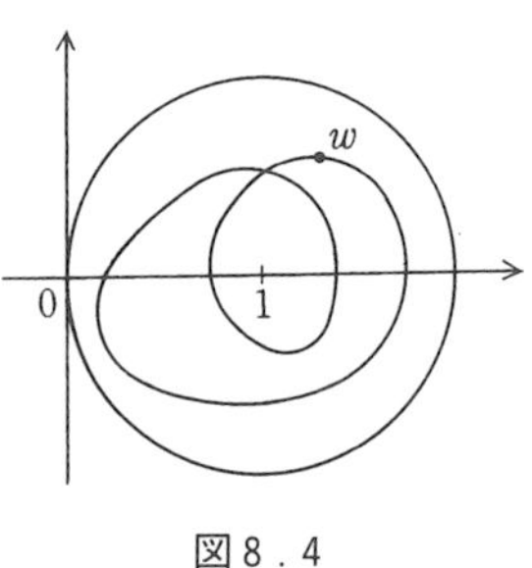

図8．4

実際，仮定から f 及び $f+g$ は C 上で $\neq 0$ ゆえ定理 8.1′ より

$$n(0, f+g)=\frac{1}{2\pi}\int_C d\arg(f(z)+g(z))$$

$$=\frac{1}{2\pi}\int_C d\arg f(z)+\frac{1}{2\pi}\int_C d\arg\left(1+\frac{g(z)}{f(z)}\right)$$

C 上で $|g(z)/f(z)|<1$ ゆえ $w=1+g(z)/f(z)$ による C の像は，$|w-1|<1$ すなわち 1 を中心とし半径 1 の円板に含まれ，原点を回らない．従って上の最後の積分は 0 となり（8.12）をうる．

例 5　$z^5+13z-2=0$ は円環 $\dfrac{3}{2}<|z|<2$ に 4 根を，円板 $|z|<\dfrac{3}{2}$ に 1 根をもつ．

まず $f(z)=z^5$，$g(z)=13z-2$ とおくと $|z|=2$ 上で $|g(z)|\leq 13|z|+2=28<32=|z|^5=|f(z)|$．よってルーシェの定理により $z^5+13z-2=0$ は $|z|<2$ に 5 根をもつ．次に $f(z)=13z$，$g(z)=z^5-2$ とおくと，$|z|=3/2$ で $|g(z)|\leq(3/2)^5+2<13\times 3/2=|f(z)|$ ゆえルーシェの定理で $|z|<3/2$ で 1 根をもつ．明らかに $|z|=3/2$ 上に根はない．

ルーシェの定理の他の応用として，次の重要な性質をあげる．

定理 8.3　$f(z)$（$\neq$ 定数）は点 z_0 で正則で $w_0=f(z_0)$ とし，$f(z)-w_0$ が z_0 で k 位の零点をもつならば，十分小さい $\varepsilon>0$ に対して $\delta>0$ が存在し，$|w-w_0|<\delta$ をみたす任意の w に対して方程式 $f(z)=w$ は円板 $|z-z_0|<\varepsilon$ の中に丁度 k 個の解をもつ．

［証明］　f は定数でないから一致の定理により $f(z)=w_0$ となる点 z は z_0 に集積しない．よって $0<|z-z_0|\leq\varepsilon$ で $f(z)\neq w_0$ としてよい．

$$\delta=\min_{z\in C_\varepsilon}|f(z)-w_0|,\quad C_\varepsilon : |z-z_0|=\varepsilon$$

とすると $\delta>0$ であり，$|w-w_0|<\delta$ をみたす任意の w に対して $|w-w_0|<\delta\leq|f(z)-w_0|$，$z\in C_\varepsilon$．従って $|z-z_0|<\varepsilon$ でルーシェの定理により $f(z)-w=(f(z)-w_0)+(w_0-w)$ の零点の個数は $f(z)-w_0$ の零点の個数 k に等しい．

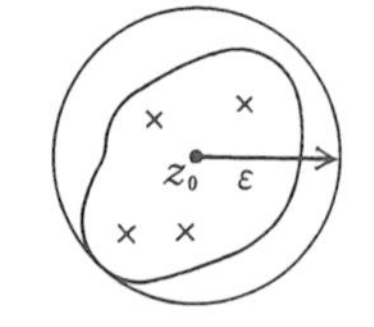

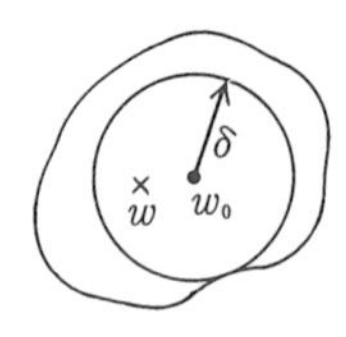

図8．5

この定理は写像 $z\to w=f(z)$ が**局所**

的に k 対1であること，また次のことを示している．

系1　定数でない正則関数 f は**開写像**（open mapping）である．

実際，開集合 U の像を $V=f(U)$ とする．任意の点 $w_0 \in V$ に対して，$w_0=f(z_0)$ なる z_0 の U に含まれる ε 近傍の像は w_0 の δ 近傍を含むから w_0 は V の内点，すなわち V は開集合である．

$f(z)$（$\neq$ 定数）が領域 D で正則のとき，像 $D'=f(D)$ は上述より開集合であるが更に連結である．それは D' の任意の2点は，その逆像の2点を D 内で結ぶ曲線 γ の像曲線 $f(\gamma)\subset D'$ で結ばれるからである．すなわち領域は領域にうつる（**領域保存の定理**）

系2　$f'(z_0)\neq 0$ ならば $w_0=f(z_0)$ の近傍で**逆関数** $z=g(w)$ が存在し正則である．

微分学と同じようにして $g'(w)=1/f'(z)$ である．

系3　$f(z)$ が D で正則単葉ならば $f'(z)\neq 0$，$z\in D$．

もし $f'(z_0)=0$，$z_0\in D$ ならば z_0 の近傍で f は k 対1（$k>1$）になり矛盾．系3の**逆は成立しない**．例えば $f(z)=e^z$ とすれば $f'(z)=e^z\neq 0$ であるが $e^{z+2n\pi i}=e^z$．

問　題

1．次の積分を計算せよ

(i)　$\displaystyle\int_0^\infty \frac{dx}{x^4+1}$　　(ii)　$\displaystyle\int_0^{2\pi}\frac{\sin^2\theta}{a+\cos\theta}d\theta$　$(a>1)$

(iii)　$\displaystyle\int_0^\infty \frac{\log x}{a^2+x^2}dx$　　$(a>0)$

2．$\displaystyle H(t)=\frac{1}{\pi i}p.v.\int_{-\infty}^{\infty}\frac{e^{itx}}{x}dx$，$-\infty<t<\infty$ を求めよ（**ヘヴィサイド関数**）．それから $\displaystyle\int_0^\infty \frac{\sin x}{x}dx=\frac{\pi}{2}$ を示せ．

3．D は単一閉曲線 C で囲まれた領域とする．$f(z)$ は $D\cup C$ で有理型で D 内の零点を $a_1,\cdots,a_m$，極を $b_1,\cdots,b_n$ とし，C 上で $f\neq 0,\infty$ とする．$\varphi(z)$ は $D\cup C$ で正則ならば

$$\frac{1}{2\pi i}\int_C \varphi(z)\frac{f'(z)}{f(z)}dz=\sum_{i=1}^m \varphi(a_i)-\sum_{j=1}^n \varphi(b_j)$$

（**偏角の原理の一般化**）．

4．$f(z)$ は点 a で正則で，$f'(a) \neq 0$ ならば $w=f(z)$ の逆関数 $z=g(w)$ は $b=f(a)$ の近傍で次のような形にかける：

$$g(w)=\frac{1}{2\pi i}\int_{|z-a|=\varepsilon}\frac{zf'(z)}{f(z)-w}dz$$

5．D は**3**．と同じとし，$f(z)$ は $D \cup C$ で正則とする．このとき f が C 上で単葉ならば D 内でも単葉である（**ダルブーの定理**）．

6．方程式 $e^z=2z^2+1$ は $|z|<1$ で何個の解をもつか．

7．ルーシェの定理を用いて代数学の基本定理を証明せよ．

8．領域 D で正則単葉な関数列 $\{f_n(z)\}$ が D で広義一様収束し，その極限関数 $f(z)$ が非定数ならば，$f(z)$ は D で正則単葉である（**フルヴィッツの定理**）．

クライン群の極限集合のイメージ

第 9 章　調 和 関 数

複素数の定義から出発し，前章で留数解析までやってきた．このあたりは美しい花が咲く高原である．一息入れて近くの景色を楽しもう．

調和関数の源流はニュートン力学にあり，その流れはラプラスやポアッソン等の研究によって広がるが，複素解析と接点をもったのはコーシー・リーマンの方程式である．既に述べたように正則関数の実部及び虚部は調和関数であり，逆に与えられた（2次元）調和関数は局所的には必ずある正則関数の実部になるのであった．

ここでは複素解析と特に関係の深い調和関数の基本的な性質や関連した話題について述べよう．

1．調 和 関 数

まず定義を復習する．平面上の領域 D で定義された実数値関数 $u=u(x,y)$ が D で C^2 級でかつ**ラプラスの方程式**

$$\Delta u=u_{xx}+u_{yy}=0$$

をみたすとき，u は D で**調和**(harmonic)であるという．(Pierre Simon Laplace, 1749-1827. フランスの数学者．天体力学の研究の中でニュートンポテンシャルが $u_{xx}+u_{yy}+u_{zz}=0$ をみたすことを示した（1782））．u が単に方程式 $\Delta u=0$ をみたすというだけでは二変数 x，y について連続にすらならない例がある(問題**2**)ので，u はさらに C^2 級とし u_{xx}，u_{xy}，u_{yy} の連続性を仮定する．u は点 $z=x+iy$ の関数として $u(x,y)=u(z)$ とも書き，z に関して調和ということもある．$f(z)=u(z)+iv(z)$ を正則関数とすれば，$u=\mathrm{Re}\,f$，$v=\mathrm{Im}\,f$ は調和関数である．

例 1　調和関数の例

$u(x, y)=\log r$，　$r=\sqrt{x^2+y^2}\neq 0$

$u(x, y)=r^n \sin n\theta$，(r, θ) は極座標

$u(x, y)=x^2-y^2$

$u(x, y)=e^x \cos y$

実際，それらはそれぞれ正則関数 $\log z\,(z\neq 0)$，$-iz^n$，z^2，e^z の実部である（直接 $\Delta u=0$ を確かめよ）．

［付記］　$u(x, y)=\log r$ 或いは測度 μ を用いた積分

$$u(x, y)=u(z)=\int \log|z-\zeta|\,d\mu(\zeta)$$

コーヒーブレイク

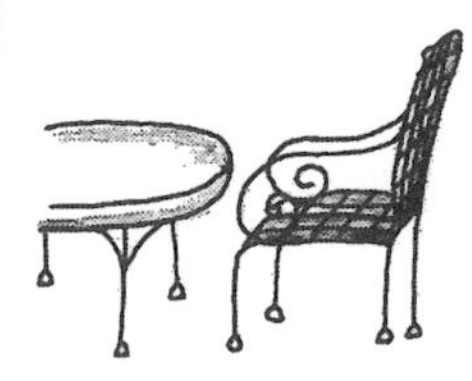

ディリクレ　Peter Gustav Lejeune Dirichlet　ディリクレはフランスからドイツに移住してきた家族の子孫で，1805年2月13日デュレンに生まれた．パリーで勉強（1822-27），この間（フェルマの定理）$x^5+y^5=z^5$ が整数解をもたないことを示した論文を提出し，学士院の賞讃をえた．当時パリーに滞在中のフンボルトのすすめでドイツに帰り，1827年ブレスラウ大学の講師となった．またフンボルトの努力がみのって1831年からベルリン大学の教授になった．ディリクレは後半生，ヤコービと親交があった．しかし性格は反対でディリクレは温厚な学者肌であったといわれる．

ディリクレはガウスの名著「整数論」に魅せられて整数論を研究し多大の貢献をした．とくにこの分野に解析学を応用し今日の解析的整数論の端緒を開いた．彼が導入した級数 $\sum a_n n^{-z}$（或いはその一般化 $\sum a_n e^{-\lambda_n z}$, $\lambda_n\uparrow\infty$）は今日ディリクレ級数と呼ばれ，整数論や解析学において重要な役割を果たしている．

フーリエが1822年熱伝導の問題から「任意の関数」f が $f(t)=\dfrac{a_0}{2}+\sum_{n=1}^{\infty}(a_n \cos nt+b_n \sin nt)$ という（フーリエ）級数に展開できることを主張した．しかしこの展開が無条件にできるものではないことに最初に気付いたのはディリクレであり，1828年フーリエ展開できるための f の条件を提示し収束の厳密な証明を与えた．また関連して，彼は「関数」の定義を明確にし，それが

を**対数ポテンシャル**という．μ が原点にのみ正の測度1をもつディラック測度のときが $\log r$ である．

調和関数 u に対して $f=u+iv$ が正則関数のとき，v は u に**共役**な調和関数という．$if=-v+iu$ ゆえ，u は $-v$ に共役である．u に共役な v を求めるのは，コーシー・リーマンの関係 $v_x=-u_y$，$v_y=u_x$ から求めればよい．D が単連結ならば

$$v=v(z)=\int_{z_0}^{z}-u_y dx+u_x dy \tag{9.1}$$

は D 内の積分路に無関係に定まる．

ディリクレ

現代に及んでいる．すなわち関数というのは変数 x から y への対応であって，何も数学的演算(数式)で表わされる必要がないことをはっきり述べている．そして極端な例として，x が有理数ならば $y=1$，x が無理数ならば $y=0$ という関数をあげた．これは連続点が全くないもので，ディリクレ関数ともいわれる．

ディリクレは熱力学など物理学も研究し，そのさい調和関数の境界値問題，すなわち「ディリクレ問題」を考えた．そしてこれを解くために，与えられた境界値をもつ関数 u の中で，エネルギー積分

$$\iiint(u_x^2+u_y^2+u_z^2)\,dxdydz$$

を最小にするものが解になるという方法を述べた．この講義を聴講していたリーマンが1851年の学位論文でその方法を「ディリクレの原理」と名づけ，その2次元の場合を等角写像の存在定理に応用した．なお，ディリクレ問題，ディリクレの原理は19世紀後半から今世紀にかけてポテンシャル論や複素解析を推進させる大きい原動力になった．

ディリクレはガウスの死後，1855年ガウスの後をついでゲッティンゲン大学教授になったが間もなく病気が悪化し1859年3月9日他界した.「第二のガウス」とたたえられながら．

一般に**微分**（**形式**）$\omega=a(x,y)dx+b(x,y)dy$ に対して

(9.2)
$$^*\omega=-b(x,y)dx+a(x,y)dy$$

を ω の**共役微分**という．u の微分 $du=u_xdx+u_ydy$ の共役微分は $^*du=-u_ydx+u_xdy=dv$，すなわち du の共役微分は u に共役な v の微分に等しい．

例 2　$u=x^2-y^2$ の共役調和関数を求めよ．

$z=x+iy$ とすれば $u_x=2x$，$u_y=-2y$ ゆえ (9.1) より

$$v=\int_{z_0}^{z}2ydx+2xdy=2\int_{z_0}^{z}d(xy)=2xy+c \qquad (c\text{ は定数})$$

確かに，$u+iv=x^2-y^2+2xyi+ic=z^2+ic$ は正則関数．

次に**グリーンの公式**（George Green, 1793-1841）

$$\iint_{\Omega}(P_x+Q_y)dxdy=\int_C -Qdx+Pdy$$

から調和関数の若干の性質を導こう．ここで Ω は領域，C は Ω の境界で有限個の区分的滑らかな曲線からなるものとする．$P(x,y)$，$Q(x,y)$ は $\bar{\Omega}=\Omega\cup C$ で連続，Ω で C^1 級で，C 上の積分は Ω に関して正の方向にとる．

さて，u，v は $\bar{\Omega}$ で C^1 級，Ω で C^2 級の関数とし，$P=uv_x$，$Q=uv_y$ とすれば，グリーンの公式から

(9.3)
$$\iint_{\Omega}(u_xv_x+u_yv_y)dxdy+\iint_{\Omega}u\Delta vdxdy=\int_C u\,^*dv$$

とくに，u，v が Ω で調和ならば，(9.3) から容易に

(9.4)
$$\int_C u\,^*dv-v\,^*du=0$$

をうる．また，(9.3) で $u=v$ が Ω で調和ならば

(9.5)
$$\iint_{\Omega}(u_x^2+u_y^2)dxdy=\int_C u\,^*du$$

この左辺を u の**ディリクレ積分**（或いは**エネルギー積分**）といい $D(u)(=D_\Omega(u))$ と書く．また (9.3) の最初の積分を**混合ディリクレ積分**といい $D(u,v)$ と書く．$D(u,u)=D(u)\geq 0$ である．

次に (9.4) で $v\equiv 1$ とすれば（すなわち u が $\bar{\Omega}$ で連続，Ω で調和ならば）

(9.6)
$$\int_C {}^*du=0$$

ところで，

$$\begin{aligned} {}^*du &= -u_y dx + u_x dy = \left(u_x \frac{dy}{ds} - u_y \frac{dx}{ds}\right) ds \\ &= -(u_x \cos\alpha + u_y \sin\alpha) ds \\ &= -\frac{\partial u}{\partial n} ds, \end{aligned}$$

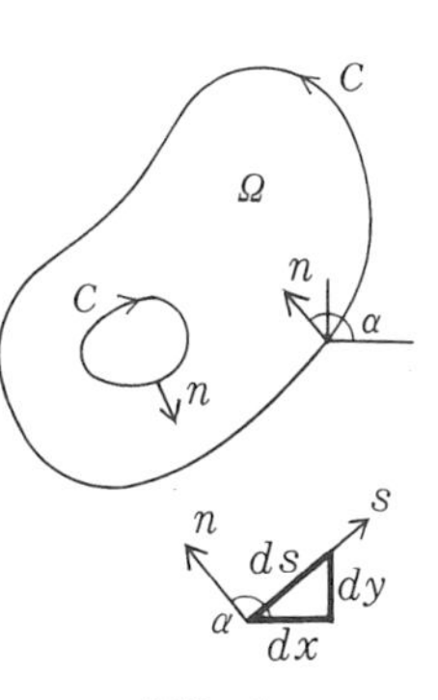

図９．１

但し $\partial/\partial n$ は内法線方向の微分，ds は線素（図９．１参照）従って（9.6）は

$$(9.6)' \qquad \int_C \frac{\partial u}{\partial n} ds = 0$$

とも書ける．これから次の**ガウスの平均値の定理**が導かれる：

定理 9.1　$u(z)$ が $|z-z_0| \leq \rho$ で調和ならば

$$(9.7) \qquad u(z_0) = \frac{1}{2\pi}\int_0^{2\pi} u(z_0 + re^{i\theta})d\theta, \quad 0 \leq r < \rho$$

実際，$|z-z_0|=r$ 上で $\partial/\partial n = -d/dr$，$ds = rd\theta$ ゆえ（9.6)′ より

$$0 = \int_0^{2\pi}\left(\frac{d}{dr}u(z_0+re^{i\theta})\right)rd\theta = r\frac{d}{dr}\int_0^{2\pi}u(z_0+re^{i\theta})d\theta$$

よって $\int_0^{2\pi} u(z_0+re^{i\theta})d\theta$ は r に無関係な定数である．その値は，$r \to 0$ とすれば $2\pi u(z_0)$ に等しいことが分る．

（9.7）から，調和関数は劣調和かつ優調和であり，従って調和関数に対して**最大値の原理**及び**最小値の原理**が成立することが分る（第６章第４節）．

例３　円環 $\Omega : R_0 < |z| < R$ で調和であり，円周 $|z| = R_0$ 上で０，$|z| = R$ 上で１に等しい関数は

$$u_R(z) = \log\frac{|z|}{R_0} \Big/ \log\frac{R}{R_0}$$

に限る．実際，$\log|z|$ は $z \neq 0$ で調和であり u_R は明らかに上記の性質をもつ．一意性は調和関数の最大（小）値の原理から分る．なお，u_R の Ω 上のディリクレ積分は，（9.5）（9.6）より

$$\begin{aligned} D(u_R) &= \int_{|z|=R} {}^*du = \int_{|z|=R_0} {}^*du = \int_0^{2\pi} \frac{du_R}{dr}\bigg|_{r=R_0} R_0 d\theta \\ &= 2\pi/\log\frac{R}{R_0} \end{aligned}$$

であり，$D(u_R) \to 0\ (R \to \infty)$．

2．ポアッソン積分

正則関数をその境界値を用いて積分表示するコーシーの積分公式のように，調和関数を境界値で積分表示するのが次の**ポアッソンの公式**である（Siméon Denis Poisson, 1781-1840）：

定理 9.2　$u(z)$ は $|z|<R$ で調和，$|z|\leq R$ で連続ならば

$$(9.8)\qquad u(re^{i\theta})=\frac{1}{2\pi}\int_0^{2\pi}u(Re^{i\varphi})\cdot\frac{R^2-r^2}{R^2-2Rr\cos(\varphi-\theta)+r^2}d\varphi,\quad r<R.$$

証明は，u を実部にもつ正則関数を考えコーシーの積分公式を用いて導く方法と，第4節で述べるグリーン関数と u に対して公式(9.4)を適用して証明する方法がある（付録参照）．

定理 9.2 の系として，(9.8)で $z=0$ とすればガウスの平均値の定理が再びえられる．

$\zeta=Re^{i\varphi}$，$z=re^{i\theta}(r<R)$ とするとき

$$(9.9)\qquad P(\zeta,z)=\frac{|\zeta|^2-|z|^2}{|\zeta-z|^2}=\frac{R^2-r^2}{R^2-2Rr\cos(\varphi-\theta)+r^2}$$

を**ポアッソン核**という．その性質をまとめておこう：

(i)　$P(\zeta,z)>0$

(ii)　$\displaystyle\frac{1}{2\pi}\int_0^{2\pi}P(Re^{i\varphi},z)d\varphi=1$

(iii)　$P(\zeta,z)=\mathrm{Re}\,\dfrac{\zeta+z}{\zeta-z}$ は z に関して調和である．

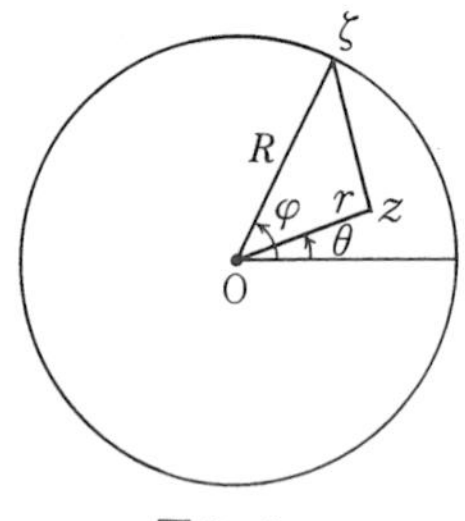

図 9．2

実際，(i)は (9.9) より明らか，(ii)は (9.8) で $u(z)\equiv1$ とすればよい．(iii)は，$(\zeta+z)/(\zeta-z)$ が $|z|<R$ で z の正則関数でその実部は調和である．

ポアッソンの公式は非常に有用であり応用が広い．ここで複素解析への一応用として，次の**ネバンリンナの定理**を示す．この公式はネバンリンナの値分布理論の出発点になったものである．

定理 9.3　$f(z)$ は $|z|\leq R$ で有理型で，$|z|=R$ 上では $f(z)\neq0,\infty$ とする．$|z|<R$ にある f の零点を $a_i(0\leq i\leq m)$，極を $b_j(0\leq j\leq n)$ とする．但し k 位の重複点では同じ点を k 回書く．このとき，$|z|<R$ に対して

$$\log|f(z)|=\frac{1}{2\pi}\int_0^{2\pi}\log|f(Re^{i\varphi})|P(Re^{i\varphi},z)d\varphi + \sum_i \log\left|\frac{R(z-a_i)}{R^2-\bar{a}_i z}\right| - \sum_j \log\left|\frac{R(z-b_j)}{R^2-\bar{b}_j z}\right| \tag{9.10}$$

［証明］　一次変換 $w=R(z-a)/(R^2-\bar{a}z)$ は $|z|<R$ で正則で，$w(a)=0$，$|z|=R$ のとき $|w|=1$ であることに注意する．

$$\varphi(z)=\prod_i \frac{R^2-\bar{a}_i z}{R(z-a_i)}\cdot\prod_j \frac{R(z-b_j)}{R^2-\bar{b}_j z}$$

($\prod$ は積を示す)，$F(z)=f(z)\cdot\varphi(z)$ とおくと，F は $|z|\leq R$ で零点も極ももたない正則関数になる．従って $|z|\leq R$ で $\log F(z)$ も正則，$\log|F|=\mathrm{Re}\log F$ は調和である．よってポアッソンの公式により

$$\log|F(z)|=\frac{1}{2\pi}\int_0^{2\pi}\log|F(Re^{i\varphi})|P(Re^{i\varphi},z)d\varphi$$

$|z|=R$ 上で $|\varphi(z)|=1$，一方，左辺を和に直せば (9.10) をうる．

系として次の**イエンセンの公式**及び**不等式**がえられる．(J. Jensen, 1859–1925)：$f(z)$ が $|z|\leq R$ で正則で，$f(0)\neq 0$ ならば

$$\log|f(0)|=\frac{1}{2\pi}\int_0^{2\pi}\log|f(Re^{i\varphi})|d\varphi+\sum_i \log\frac{|a_i|}{R}$$

$$\log|f(0)|\leq\frac{1}{2\pi}\int_0^{2\pi}\log|f(Re^{i\varphi})|d\varphi$$

3．ディリクレ問題

領域 Ω の境界 C 上に実数値連続関数 φ が与えられたとき，Ω で調和，C で境界値 φ をとる関数を求める問題を**ディリクレ問題**という．すなわち偏微分方程式 $\Delta u=0$ の境界値問題である．これは物理学から発生したものであるが，Ω が一般な場合は難しい問題であり，19世紀から今世紀前半にかけて多くの人が研究し解析学の強力な方法となった．さて Ω が円板の場合，ディリクレ問題の解は次のように φ の**ポアッソン積分**で与えられる：

定理 9.4（シュヴァルツ）　$\varphi(\zeta)$ は円 C：$|\zeta|=R$ 上に与えられた可積分な実数値関数とすれば

$$u(z)=\frac{1}{2\pi}\int_0^{2\pi}\varphi(Re^{i\varphi})P(Re^{i\varphi},z)d\varphi \tag{9.11}$$

は Ω：$|z|<R$ で調和であり，φ が点 $\zeta\in C$ で連続ならば

$$u(z) \to \varphi(\zeta) \qquad (z \to \zeta)$$

従って φ が C 上で連続ならば，u はこのディリクレ問題の解を与える．

(9.11) の右辺で定義された $u(z)$ が Ω で調和であることは，ポアッソン核の性質(iii)から分る．定理の後半の証明は若干の技巧を要する（略）．

一応用として次の**ケーベの定理**（ガウスの平均値定理の逆）を示そう (Paul Koebe, 1882-1945)：

定理 9.5　$u(z)$ は領域 Ω で連続な実数値関数で，Ω の各点 a に対してある正数 ρ_a があって

$$u(a) = \frac{1}{2\pi}\int_0^{2\pi} u(a + re^{i\theta})d\theta, \quad 0 \leq r \leq \rho_a \tag{9.12}$$

が成立するならば，u は Ω で調和である．

［証明］　各点 a の近傍で u が調和であることを示せばよい．仮定 (9.12) は u が Ω で劣調和かつ優調和であることを示す．u の円 $|\zeta - a| = \rho_a$ 上への制限は連続関数ゆえ，それを境界値とするポアッソン積分 $U(z)$ を考えると定理 9.4 から，U は $D_a = \{|z-a| < \rho_a\}$ で調和で，∂D_a 上で $U = u$．ところで $u - U$ は劣調和ゆえ最大値の原理により D_a 上で $u(z) - U(z) \leq 0$．また $u - U$ は優調和ゆえ最小値の原理から D_a 上で $u(z) - U(z) \geq 0$．ゆえに $u(z) \equiv U(z)$ は D_a で調和である．

〔u の連続性と平均値の仮定 (9.12) から u が調和，すなわち C^2 級で $\Delta u = 0$ をみたすことが，表面上一度も微分のチェックをしないで分った！〕

次に一般な領域 Ω に対するディリクレ問題について結果だけ記しておこう．φ は $C = \partial\Omega$ 上の与えられた有界な連続関数とする．関数族 $\mathcal{U} = \{u(z) | u$ は Ω で劣調和で，C の各点 ζ で $\overline{\lim_{z \to \zeta}}\, u(z) \leq \varphi(\zeta)\}$ を考え

$$u_\varphi(z) = \sup_{u \in \mathcal{U}} u(z)$$

とおくと，u_φ は Ω で調和になる．そして C の各連結成分が 2 点以上からなる（すなわち，孤立点を含まない）ならば

$$u_\varphi(z) \to \varphi(\zeta), \quad (z \to \zeta) \quad \zeta \in C$$

すなわち u_φ はディリクレ問題の解を与える．これは**ペロンの方法**といわれる (Oskar Perron, 1880-1975)．

4．グリーン関数

特異性をもつ調和関数のうちで最も基本的なのはグリーン関数である．

定義　拡張された複素平面 $\hat{C}$ 上の領域を D，その境界を $C(\neq\phi)$ とする．D の一点 a を極にもつ D の**グリーン関数** $g(z,a)$ とは，次の性質をみたす関数である：

1）$g(z,a)$ は $D-\{a\}$ で調和である

2）$z=a$ の近傍で次のような形をもつ：

$$g(z,a)=\begin{cases}\log\dfrac{1}{|z-a|}+h(z), & a\neq\infty \text{ のとき}\\ \log|z|+h(z), & a=\infty \text{ のとき}\end{cases}$$

但し $h(z)$ は $z=a$ の近傍で調和な関数を表わす．

3）$g(z,a)$ は境界値0をもつ；$g(z,a)\to 0\quad(z\to\zeta\in C)$

例　i）$D_1=\{|z|<R\}$ の一点 a を極にもつグリーン関数は

$$g(z,a)=\log\left|\frac{R^2-\bar{a}z}{R(z-a)}\right|$$

ii）$D_2=\{R<|z|\leq\infty\}$ の ∞ を極にもつグリーン関数は

$$g(z,\infty)=\log|z|/R$$

実際，$w=(R^2-\bar{a}z)/R(z-a)$ は $D_1-\{a\}$ で正則かつ $\neq 0$ ゆえ，$\log|w(z)|=\mathrm{Re}\log w(z)$ はそこで調和．$\log|w|=\log(1/|z-a|)+h(z)$，$h(z)=\log|R^2-\bar{a}z|-\log R$ は D_1 で調和である．また $|z|=R$ で $|w|=1$ ゆえ $\log|w(z)|=g(z,a)$．ii）は明らかであろう．

∞ を含む領域 D のグリーン関数 $g(z,\infty)$ に対して

$$\gamma=h(\infty)=[g(z,\infty)-\log|z|]_{z=\infty}$$

を D の**ロバン定数**という（G. Robin, 1855-1897）．そして

$$\mathrm{Cap}\ C=e^{-\gamma}$$

を D の境界 C の**対数容量**(logarithmic capacity)という．例えば例ii）ならば $\mathrm{Cap}(\partial D_2)=R$ である．

さてグリーン関数の存在であるが，それは一般に難しい問題である（[付記]参照）．ここでは領域 D におけるディリクレ問題が解ける場合について注意しよう．簡単のため D は有界とする．点 $a\in D$ に対して関数

$\log|z-a|$ の $C=\partial D$ への制限を $\varphi(\zeta)$ とすると，φ は C 上有界な連続関数であるからディリクレ問題の解 $u_\varphi(z)$ が存在する．すなわち u_φ は D で調和で，$u_\varphi(z)\to\varphi(\zeta)=\log|\zeta-a|$　$(z\to\zeta\in C)$．よって

$$g(z,a)=\log 1/|z-a|+u_\varphi(z)$$

は a を極にもつ D のグリーン関数である．

グリーン関数の等角写像への応用については次章で述べる．

［付記］　**対数容量 0 の集合**　E は平面上のコンパクト集合で，$D=\hat{C}-E$ が領域（連結開集合）とする．D の**近似列**（exhaustion）$\{D_n\}$ を考える．すなわち

$$D_1\subset D_2\subset\cdots\subset D_n\subset\cdots,\ D_n\to D\qquad(n\to\infty)$$

であって，各 D_n は（適当に）滑らかな境界で囲まれた領域である．$\infty\in D_n$ とする．D_n のグリーン関数 $g_n(z,\infty)$ は存在し

$$g_n(z,\infty)=\log|z|+h_n(z)$$

と書ける．$h_n(z)$ は D_n で調和であり，$h_n(\infty)=\gamma_n$ は D_n のロバン定数である．ところで $D_n\subset D_{n+1}$ ゆえ $g_n(z,\infty)\leq g_{n+1}(z,\infty)$，$z\in D_n$（$\because g_{n+1}-g_n$ は D_n で調和，∂D_n 上で $g_n=0$，$g_{n+1}\geq 0$ ゆえ 最小値の原理により）．よって $h_n(z)\leq h_{n+1}(z)$，$z\in D_n$，$\gamma_n\leq\gamma_{n+1}$．

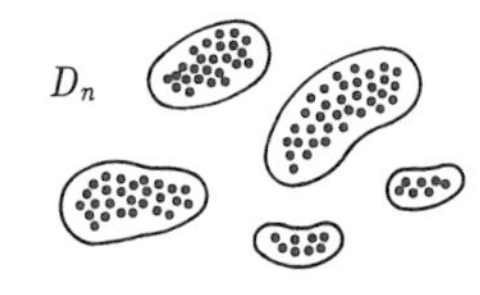

図 9．3　黒点の集合が E

$$\gamma=\lim_{n\to\infty}\gamma_n(\leq+\infty),\ \mathrm{Cap}\ E=e^{-\gamma}$$

とおき，γ を D のロバン定数，$e^{-\gamma}$ を ***E* の対数容量**という．$\mathrm{Cap}E=0$（$\gamma=\infty$）のとき E は対数容量 0 の集合である．$\mathrm{Cap}\ E=0$ という性質は D の近似列のとり方には無関係である．E が有限個の点集合ならば $\mathrm{Cap}\ E=0$．非可算無限集合でも $\mathrm{Cap}\ E=0$ となる例がある．一般に

$$g(z,\infty)=\lim_{n\to\infty}g_n(z,\infty)(=\log|z|+\lim_{n\to\infty}h_n(z))$$

を，∞ を極とする D の**（一般化された）グリーン関数**という．$\mathrm{Cap}\ E=0$ のときに限って $g(z,\infty)\equiv+\infty$（問題 **5** 参照）．このとき，D の**グリーン関数は存在しない**という．

ルベーグ積分論で集合のルベーグ測度が 0 か正かは理論上本質的な違いであるように，集合の対数容量が 0 か正か（領域のグリーン関数が存在するかどうか）は複素解析の専門分野では本質的な差違を生ずる．

問　題

1．$u=u(x,y)$ は領域 D で調和とするとき，

(1)　u のすべての偏導関数 $\partial^{p+q}u/\partial x^p\partial y^q$ も調和である．

(2)　$f(z)=u_x-iu_y$ は $z=x+iy$ の正則関数である．

(3)　u は実解析的，すなわち D の各点 (x_0,y_0) で

$$u(x,y)=\sum_{m,n=0}^{\infty}a_{mn}(x-x_0)^m(y-y_0)^n$$

と展開できる．

(4)　D 上の開集合で $u=0$ ならば D 全体で $u\equiv 0$．

2．
$$u(z)=\begin{cases}\mathrm{Re}\ e^{-1/z^4}, & z\neq 0\\ 0 & ,z=0\end{cases}$$

と定義した関数は $\Delta u=0$ をみたすが，(x,y) に関して（原点で）連続ではない．

3．$\dfrac{1}{2\pi}\displaystyle\int_0^{2\pi}\cos n\varphi\frac{1-r^2}{1-2r\cos(\varphi-\theta)+r^2}d\varphi=r^n\cos n\theta$，$(0\leq r<1)$

$n=0,1,2,\cdots$

4．$u(z)$ は $|z-a|\leq R$ で調和でかつ $u(z)\geq 0$ ならば，任意の $z=a+re^{i\theta}(0\leq\theta\leq 2\pi)$ に対して

$$\frac{R-r}{R+r}u(a)\leq u(z)\leq\frac{R+r}{R-r}u(a)$$　（ハルナックの不等式）．

5．$\{u_n(z)\}$ は D で調和な関数列とする．

(i)　$\{u_n\}$ が D で広義一様収束ならば，$u(z)=\lim_{n\to\infty}u_n(z)$ は D で調和である．

(ii)　$u_1(z)\leq u_2(z)\leq\cdots\leq u_n(z)\leq\cdots$ ならば，$u(z)$ は D で調和であるか，恒等的に $+\infty$ である（**ハルナックの定理**）．

［ヒント：(i)はポアッソン積分を，(ii)はハルナック不等式と(i)を使う］

6．D は有限個の曲線で囲まれた有界領域，$\partial D=C_1\cup C_2$，$C_1\cap C_2=\phi$ とする．$u(z)$ は $\bar{D}=D\cup\partial D$ で調和で，C_1 上で $u=0$，C_2 上で $\dfrac{\partial u}{\partial n}=0$ ならば，D で $u(z)\equiv 0$．

7*．D は上と同じ，φ は ∂D 上の連続関数で，$\mathcal{F}=\{v(z)|v$ は $\bar{D}$ で C^1 級，∂D で $v=\varphi\}$ は空集合でないとする，もし $u\in\mathcal{F}$ が調和ならば $D(u)\leq D(v)$，$\forall v\in\mathcal{F}$．

8*．$u(z)$ は領域 D で C^2 級の実数値関数とする．このとき u が D で劣調和であるための必要十分条件は $\Delta u\geq 0$ である．

彫刻花台

第 10 章　解析接続とリーマン面

「解析接続」というのは複素解析独特の概念であり，理論上も応用上も有用なものである．それは言葉でいうと，ある領域で定義された正則関数を，その正則性を保ちながらより広い領域へ関数を拡張することである．ここではまず解析接続の典型的な方法や関連した結果を述べる．応用の一つとして（複素）多価関数の取扱いをあげるが，これは実関数の場合と著しく異なる．例えば，実変数 x の関数 $\sqrt{x}$ と $-\sqrt{x}$ とは別の関数であるが，複素関数 $\sqrt{z}$ と $-\sqrt{z}$ とは解析接続で結ばれ，それらは一つの 2 価解析関数の 2 つの分枝（成分）になる．

多価関数の取扱いにはもう一つ重要な幾何学的方法がある．それは多価関数を，それに付随するリーマン面の上の 1 価関数に帰着させるものである．このリーマン面の考え方は多様体の概念を導いた革命的なものであり，複素解析が「平面からリーマン面へ」と自然に拡張されることになる．これらについても少しふれる．

1．解析接続

領域 D で正則な関数 $f(z)$ が与えられたとき，D より真に大きい領域 $\hat{D}$ で正則な関数 $\hat{f}(z)$ が存在し $\hat{f}(z)=f(z)$, $z\in D$ であるとき，$f(z)$ は **D から $\hat{D}$ へ解析接続される**という．或いは $\hat{f}$ を f の**解析接続**（又は**解析的延長**）という．ここで次の問題が考えられる：

1）解析接続はつねに可能であるか？

2）解析接続するにはどうすればよいか？

まず 1）であるが，答は *no* である．すなわち“任意の領域 D に対し，D で正則であるが D より真に大きい領域へ解析接続できない関数 $\varphi(z)$ が必ず存在する”という定理がある．このとき D の境界を φ の**自然境界**という．或いは φ は D を**存在領域**にもつともいう．ここではその定理の証明は略し一例をあげよう．

例 1　$f(z)=\sum_{n=1}^{\infty} z^{n!}$ は $D=\{|z|<1\}$ を存在領域にもつ．

f の巾級数の収束半径は 1 であり，f は D で正則であるが円 $C=\{|z|=1\}$ を自然境界にもつことを示そう．まず C 上の点 $e^{2\pi ip/q}$(p, q は互いに素な整数）に対し $z=re^{2\pi ip/q}$ ($r<1$) とし $f(z)\to\infty$ ($r\to 1$) を示す．$f(z)=f_1(z)+f_2(z)$ とわける．但し f_1 は f の巾級数の最初の q 項の和，f_2 は残りの和である．明らかに $|z|=r\to 1$ のとき $f_1(z)$ は有限値に収束する．ところで $n\geqq q$ ならば $z^{n!}=r^{n!}e^{2\pi in!p/q}=r^{n!}>0$ ゆえ，任意の番号 $N>q$ に対し

$$+\infty\geqq\lim_{r\to 1} f_2(z)\geqq\lim_{r\to 1}\sum_{n=q+1}^{N} r^{n!}=N-q,$$

すなわち $f_2(z)\to+\infty$ ($r\to 1$)，よって $f(z)\to\infty$．さて f が $\hat{D}$ ($\supsetneqq D$) 上

コーヒーブレイク

リーマン　Georg Friedrich Bernhard Riemann

リーマンは1826年 9 月17日ドイツの小村ブレゼレンツに生れた．新教の牧師の二男で家は貧乏であったが暖かい家庭環境の中で育てられた．父の後をつぐためにゲッティンゲン大学で神学と言語学を専攻していたが数学への愛情は断ち難く途中で転向した．しかし同大学では数学の講義は少なく失望してベルリン大学で 2 年間聴講する．シャイで控えめなリーマンもベルリンではヤコビやディリクレと個人的接触の機会をえた．とくにディリクレ先生の数学には大きい影響をうけ，また先生を尊敬した．ゲッティンゲンにもどって学位論文をまとめ1851年提出した．この論文「複素変数の関数の一般論の基礎」において彼は例のコーシー・リーマンの方程式を導いて出発点とし，そして単連結な（リーマン）面の概念を導入し，ディリクレの原理を用いていわゆる「等角写像の基本定理」を示した．この学位論文を調査したガウスは，これは真に独創的な最高のものであると激賞した．しかし後にワイエルシュトラスがその証明の不備を指摘したため写像定理は砂上の楼閣のようになった．これを救うために多くの

の正則関数 $\hat{f}$ に解析接続されたと仮定すると，C のある点の近傍 U が完全に $\hat{D}$ に含まれ $\hat{f}(z)$ はそこで勿論有限値をもつ．一方 $e^{2\pi ip/q}$ という形の点は C 上稠密ゆえ $U\cap C$ 上にその一点 ζ をとれば，$\hat{f}(z)=f(z)$，$z\in D$ 及び上述のことから $\hat{f}(\zeta)=\infty$ となり矛盾である．

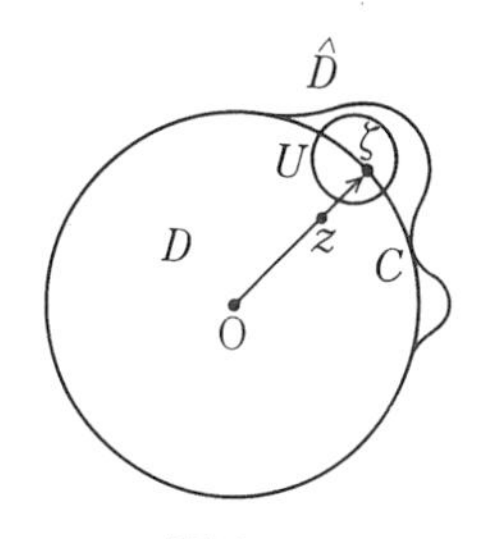

図10.1

なお，例1のように項がとびとびの巾級数を**空隙級数**（gap series 或いは lacunary series）という．これに対して例1を含む次のような判定条件（**アダマールの空隙定理**，Jacque S. Hadamard，1865-1963）が知られている：

$f(z)=\sum_{k=1}^{\infty} a_k z^{n_k}$ $(0\leq n_1<n_2<\cdots$，n_k は整数) の収束半径を $R(<\infty)$ とする．もしある番号から先のすべての k に対して

$$n_{k+1}/n_k\geq\lambda>1$$

数学者が努力し遂に50年後ヒルベルトが完全にした．リーマンの結果は正しかった！

リーマン

1854年に提出した就職論文（*Habilitationsschrift*）においてリーマンはいわゆる「リーマン積分」の概念を導入し，ディリクレのフーリエ級数に関する結果を厳密にし拡張した．その論文提出と共に哲学部における試験講演として彼は「幾何学の基礎をなす仮設について」という講演を行った．この講演はガウスを驚嘆させた．じっさいこれは空間概念の革命であった．すなわち彼は曲った空間（多様体）を考えその上に2次微分形式によって距離を与えて展開する（リーマン）幾何学を提唱した．リーマン空間が後年アインシュタインの一般相対性理論に用いられ広く注目されたことは周知であろう．

リーマンは1857年リーマン面を用いてアーベル積分の（古典）理論を完成した．1859年ディリクレの死後，その後継としてゲッティンゲン大学教授になる．同じ年に発表された整数論に関する唯一つの論文も有名である．すな

ならば $|z|=R$ は f の自然境界である．

さて本題である問題 2 ）に移ろう．解析接続の最も基本的な方法は次に述べるワイエルシュトラスの巾級数によるものである：

I．点 a を中心とする巾級数 $P(z,a)=\sum_n c_n(z-a)^n$ の収束半径を ρ_a, $0<\rho_a<\infty$ とする．$P(z,a)$ は円板 $U_a=\{z||z-a|<\rho_a\}$ 上の正則関数を表わす．$P(z,a)$ を a を**中心**とする**関数要素**という．さて U_a の一点 $b(\neq a)$ をとり正則関数 $P(z,a)$ を b においてテイラー展開する．そのテイラー級数 $P(z,b)$ の収束半径 ρ_b は一般に

$$\rho_b \geq \rho_a - |a-b|.$$

そして不等号のときに限って円板 U_b は U_a の外にはみ出る．今この場合を考える．$P(z,b)$ は $P(z,a)$ のテイラー展開ゆえ

$$P(z,a)=P(z,b),\quad |z-b|<\rho_a-|a-b|$$

わち彼はこの論文で素数の分布をゼータ関数の零点の分布状態を調べることに転化した．そのさい，ゼータ関数 $\zeta(s)=\sum_{n=1}^{\infty} n^{-s}$ (Re $s>1$) を全平面へ（1を除き）解析接続し，“そのゼータ関数の実軸上にない零点はすべて直線 Re $s=\frac{1}{2}$ の上にある”ことを証明しようと試みたが，目的を果たさなかった．この問題は「リーマン予想」と呼ばれ，多くの研究にも拘らず今日まで未解決である．なおこの予想に対して，近年コンピューターを使って例えば次のようなことが分っている (1966)：$\zeta(\sigma+it)$ の零点で $0<t<170571.35$ となるものは丁度250万個あり，それらはすべて $\sigma=\frac{1}{2}$ の上にある．

リーマンはこのほか超幾何級数，微分方程式や物理学の分野にも非凡な業績を残した．1862年に結婚したが，その頃より胸の病気がちになり暖いイタリーへ 3 度静養にゆく．その最後の旅行でマジョーレ湖畔の村に着いた 2 日後1866年 7 月20日他界した．

リーマンが19世紀後半及び20世紀の数学全般に及ぼした影響は計り知れぬ程大きい．近代数学の父であろう．

よって一致の定理により

$$P(z,a)=P(z,b),\quad z\in U_a\cap U_b.$$

従って，次のように定義した関数

$$\hat{f}(z)=\begin{cases}P(z,a), & z\in U_a\\ P(z,b), & z\in U_b\end{cases}$$

は $U_a\cup U_b(\supsetneqq U_a)$ で正則ゆえ，$P(z,a)$ の解析接続がえられた．$P(z,b)$ を $P(z,a)$ の**直接接続**という．そして，直接接続を有限回繰返してえられる解析接続を**間接接続**という．

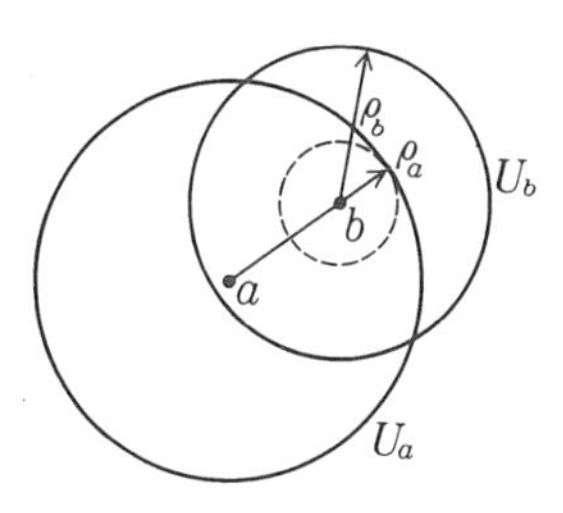

図10.2

さて間接接続における関数要素の中心のとり方が自由すぎるので一つの曲線上に限定しよう．a を始点，b を終点とする単一曲線 γ に対して γ 上の点 $z_0(=a), z_1, \cdots, z_n(=b)$ を中心とする関数要素 $P(z,z_0),\cdots,P(z,z_n)$ があって，各 $P(z,z_{i+1})$ が $P(z,z_i)$ の直接接続であるとき，$P(z,a)$ は **γ に沿って解析接続可能である**という．このとき次の性質が示される：

(i)　$P(z,b)$ は γ 上の中心の取り方には無関係に定まる．

(ii)　$P(z,b)$ は逆に $-\gamma$ に沿って解析接続可能である．

(iii)　γ' は γ と同じ端点をもち，かつ γ の十分近くにある曲線ならば $P(z,a)$ は γ' に沿っても解析接続可能であり，それが b で定める関数要素は $P(z,b)$ と同一である．

ここで $P(z,a)$ がある領域 $D(\ni a)$ 内のあらゆる曲線に沿って解析接続可能な場合を考える．特に D が単連結ならば a から D の任意の点 ζ に至る任意の曲線 γ_1，$\gamma_2(\subset D)$ の間には D 内で連続的な変形があるので（図10．3参照）性質(iii)により ζ で唯一つの関数要素 $P(z,\zeta)$ が定まる．そして $f(\zeta)=P(\zeta,\zeta)$ は D で**一価**正則関数である．この事実を**一価性定理**（monodromy theorem）という．

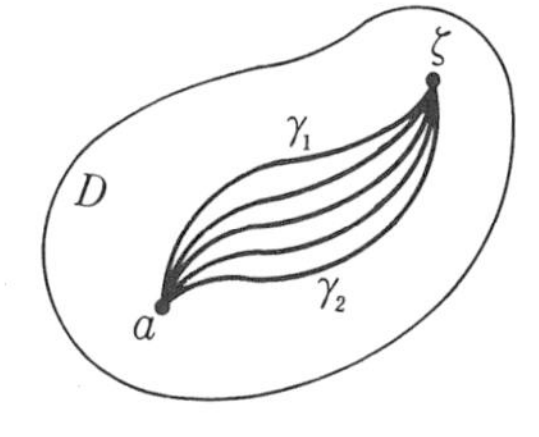

図10．3

II．巾級数による方法は理論上有用であるが，具体的な関数の解析接続には関数方程式などの関数関係を利用することが多い．典型的な例を示そう：

例 2　複素ガンマー関数

$$\Gamma(z)=\int_0^\infty t^{z-1}e^{-t}dt \qquad (t\ は実数) \tag{10.1}$$

は右半平面 $\operatorname{Re} z>0$ で正則であるが，この $\Gamma(z)$ は $\boldsymbol{C}$ から点 $0, -1, -2, \cdots$ を除いた領域へ解析接続される．

$\Gamma(z)$ が $\operatorname{Re} z>0$ で正則であることの証明は略し，その解析接続の仕方を見よう．$\operatorname{Re} z>0$ で部分積分により

$$\Gamma(z)=\lim_{\substack{\varepsilon\to 0\\ R\to\infty}}\left.\frac{t^z e^{-t}}{z}\right|_{t=\varepsilon}^{R}+\frac{1}{z}\int_0^\infty t^z e^{-t}dt$$

$$=\frac{1}{z}\Gamma(z+1)$$

すなわち**漸化式** $\Gamma(z+1)=z\Gamma(z)$ をうる．さて $\Gamma(z)=\Gamma(z+1)/z$ は $\operatorname{Re} z>0$ で成立したが右辺は $\operatorname{Re}(z+1)>0$ すなわち半平面 $\operatorname{Re} z>-1$ から $z=0$ を除いて正則ゆえ，$\Gamma(z)$ はその領域へ解析接続される．次に $\Gamma(z)=\Gamma(z+2)/z(z+1)$ により $\Gamma(z)$ は半平面 $\operatorname{Re} z>-2$ から $0, -1$ を除いた領域へ解析接続される．以下同様にして $\boldsymbol{C}-\{0, -1, -2, \cdots\}$ へ解析接続される．

なお $\Gamma(1)=\int_0^\infty e^{-t}dt=1$ ゆえ，解析接続された $\Gamma(z)$ は $z=-n$ で留数が $(-1)^n/n!$ の1位の極をもつ．

2．シュヴァルツの鏡像の原理

本節で述べるのも解析接続の有力な方法である．まず準備から始めよう．領域 D_1, D_2 は共通部分はもたないが境界が一つの単一曲線 γ を共有するものとする．以下 γ は滑らかとし，また閉曲線でない場合は両端点を除いておく．さて $f_i(z)(i=1,2)$ は D_i で正則でかつ $D_i\cup\gamma$ で連続とし，条件

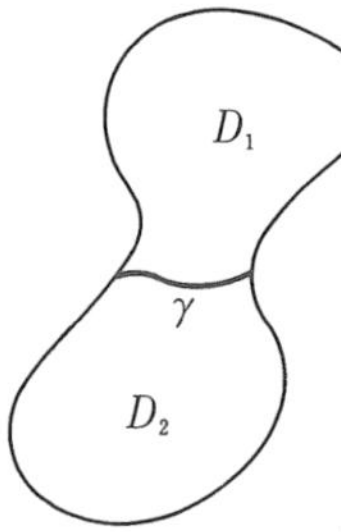

(10.2)　$$f_1(\zeta)=f_2(\zeta),\quad \zeta\in\gamma$$

をみたすならば，

(10.3)　$$f(z)=\begin{cases} f_1(z), & z\in D_1\cup\gamma \\ f_2(z), & z\in D_2 \end{cases}$$

と定義した関数は $D=D_1\cup\gamma\cup D_2$ で正則となり，従って f_i は D_i から D へ解析接続される．

図10.4

実際，f は D_i で正則ゆえ，f が γ の各点の小近傍 U で正則であることを示せば十分である．そしてそのためには，f が D で連続ゆえ U 内の任

意の単一閉曲線 C に対して

$$\int_C f(z)dz=0 \tag{10.4}$$

を示せばよい(モレラの定理)．さて $C\subset D_i$ ならばコーシーの積分定理により (10.4) は成立する．よって C が γ と交わる場合を考える．$\gamma_0=\gamma\cap[C$ の内部$]$ とし，γ_0 を $\pm\varepsilon$ だけ平行移動した曲線 $\gamma_0(\varepsilon)$, $\gamma_0(-\varepsilon)$ を一部にもつ 2 つの閉曲線 $C_\varepsilon^i\subset D_i$ を考えると

$$\int_{C_\varepsilon{}^1} f(z)dz=0,\quad \int_{C_\varepsilon{}^2} f(z)dz=0.$$

この 2 式を加え $\varepsilon\to 0$ とすると，$\gamma_0(\varepsilon)$, $r_0(-\varepsilon)$ は γ_0 に収束し向きが反対であるから (10.4) が分るであろう．

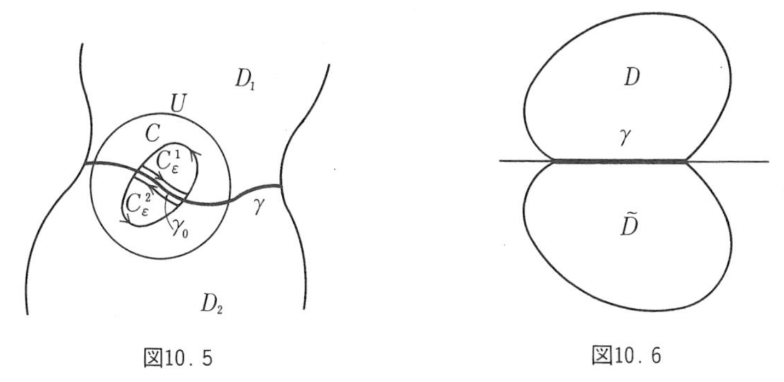

図10.5　　図10.6

次の定理及びその変形は**シュヴァルツの鏡像の原理**と呼ばれるもので応用が広い．

定理　D は上半平面 $\mathrm{Im}\, z>0$ にある領域で，実軸上の開区間 γ をその境界の一部にもつとし，$\tilde{D}$ は D の実軸に関する鏡像とする．もし $f(z)$ が D で正則，$D\cup\gamma$ で連続で，かつ γ 上で実数値をとるならば，

$$F(z)=\begin{cases} f(z), & z\in D\cup\gamma \\ \overline{f(\overline{z})}, & z\in\tilde{D}\end{cases} \tag{10.5}$$

は $D\cup\gamma\cup\tilde{D}$ で正則である．すなわち f は D から γ を越えて $D\cup\gamma\cup\tilde{D}$ へ解析接続される．

実際，$D_1=D$, $D_2=\tilde{D}$ とし $f_1(z)=f(z)$, $z\in D_1\cup\gamma$, $f_2(z)=\overline{f(\overline{z})}$, $z\in D_2\cup\gamma$ とする．γ の点 $z(=\overline{z})$ では $f(z)$ は実数ゆえ $f_1(z)=f_2(z)$．$f_2(z)$ が D_2 で正則であることは，$\zeta=\overline{z}\in D_1$ ゆえ

$$\frac{f_2(z+h)-f_2(z)}{h}=\overline{\left[\frac{f(\zeta+k)-f(\zeta)}{k}\right]}\to\overline{f'(\zeta)}\qquad(h=\overline{k}\to 0)$$

より分る．従って（10.2），（10.3）から定理の結論をうる．

一次変換は円（直線を含む）を円にうつし，また鏡像の2点を鏡像の2点にうつす．従って γ や $f(\gamma)$ が直線（実軸とは限らない）や円（又はそれらの一部）である場合でも一次変換と上の定理を用いると，f は γ を越えて D の γ に関する鏡像へ解析接続される．なお問題2参照．

3．多価解析関数

点 $a\in \boldsymbol{C}$ を中心とする関数要素 $P(z, a)$ が与えられたとき，a を始点とするあらゆる曲線に沿って $P(z, a)$ を解析接続してえられる関数要素の全体を，$P(z, a)$ が定める**解析関数**という．これを $\boldsymbol{f}$（或いは単に $f(z)$）と書く．曲線に沿う解析接続の性質から $\boldsymbol{f}$ のどの関数要素から出発しても同じ解析関数 $\boldsymbol{f}$ をうる．$\boldsymbol{C}$ のどの点を中心とする $\boldsymbol{f}$ の関数要素の個数も高々 n であり，少くとも1点では n 個であるとき $\boldsymbol{f}$ は $\boldsymbol{n}$ **価**解析関数といい，$n>1$ のとき単に**多価関数**ともいう．

例3　$\sqrt{z}$ は2価解析関数である．

$\sqrt{z}=e^{\frac{1}{2}\log z}$ で，$z>0$ のとき $\arg z=0$ とする．$a>0$ を中心とする関数要素は，$|z-a|<|a|$ で

$$\sqrt{z}=\sqrt{a}\left(1+\frac{z-a}{a}\right)^{\frac{1}{2}}$$

$$=\sqrt{a}\sum_{k=0}^{\infty}\binom{\frac{1}{2}}{k}\left(\frac{z-a}{a}\right)^{k}$$

$$=P(z, a)$$

この収束半径は a．$P(a, a)=\sqrt{a}$．さて a を始点とし原点0を一周して a に戻る曲線に沿う解析接続を考える．$P(z, a)$ の直接接続 $P(z, z_1)$ は上と同様にして $P(z, z_1)=\sqrt{z_1}\cdot\sum_{k=0}^{\infty}\binom{\frac{1}{2}}{k}\left(\frac{z-z_1}{z_1}\right)^{k}$，$\sqrt{z_1}=$

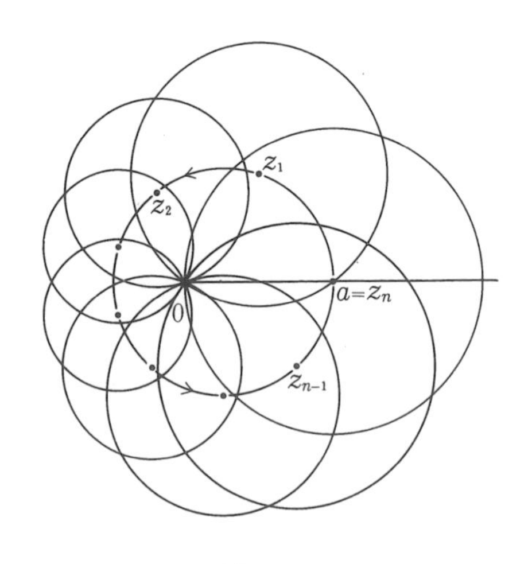

図10.7

$\sqrt{|z_1|}\,e^{\frac{i}{2}\arg z_1}(0<\arg z_1<\pi/2)$．以下同様に進み $z_n=a$ では，$\sqrt{z_n}=\sqrt{|z_n|}\,e^{\frac{i}{2}\arg z_n}$ で $\arg z_n=2\pi$ となるから $\sqrt{z_n}=-\sqrt{|z_n|}=-\sqrt{a}$，よって

$$P(z, z_n)=-P(z, a)(=-\sqrt{z}).$$

従って，原点を2回正の方向にまわり a に戻る曲線に沿って $P(z, a)$ を解析接続すればもとの $P(z, a)$ になる．また上の議論から原点を一周しないで a にもどる曲線に沿う解析接続では常に $P(z, a)$ にもどることも分る．以上から $\sqrt{z}$ は2価関数である．

$\sqrt{z}$ は $w^2-z=0$ の解であるが，もっと一般に既約な代数方程式

$$F(w, z)\equiv P_0(z)w^n+P_1(z)w^{n-1}+\cdots+P_n(z)=0.$$

($P_0(z), \cdots, P_n(z)$ は z の多項式) の解によって定義される関数を**代数関数**という．$z(P_0(z)\neq 0)$を固定すると $F(w, z)=0$ は w について n 次代数方程式であるから重複度をこめて丁度 n 個の解 $w=w_i(z)$ $(i=1, \cdots, n)$ をもつ．そこで z を動かすと n 個の関数ができるように思うが，上の例 $\sqrt{z}$，$-\sqrt{z}$ のようにこれらの関数は互いに解析接続によって結ばれ，一つの n 価解析関数を定めるのである．

以上のように多価関数を解析接続を用いて取扱うのに対して，多価関数を一価関数にする幾何学的な考え方がある．例として2価関数 $\sqrt{z}$ に対して次のような面を考える．平面を2枚用意し F_1，F_2 とする．F_1，F_2 に原点0から正の実軸に沿ってハサミをいれ，F_1 の切口の上岸と F_2 の切口の下岸を接合，F_1 の切口の下岸を F_2 の切口の上岸とを接合した面 F を考える．物理的には不可能だが観念的に考えることはできる．図10.8の右端は F の接合状態を横から見た観念的図である．さて F_1 上の点 z が0のまわりを廻り実軸にくると z は F_2 に入り，また0のまわりを一

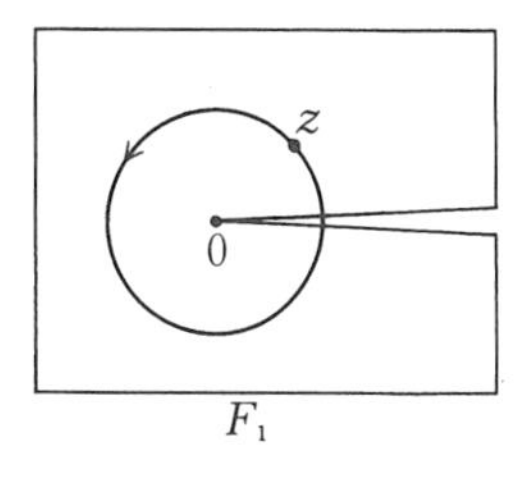

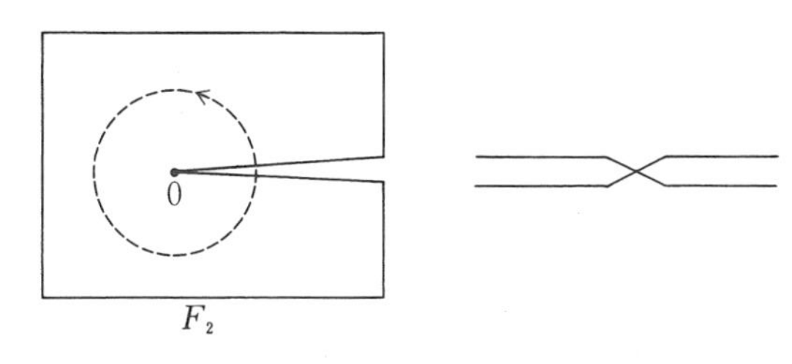

図10.8

周すると F_1 に入ってもとの z にもどる．従って F_1 上で $\sqrt{z}$，F_2 上で $-\sqrt{z}$ という関数を考えると面 F 上では $\sqrt{z}$ は一価な関数となる．このような面 F を $\sqrt{z}$ **のリーマン面**といい，0 及び無限遠点を F の **(代数) 分岐点**という．

上の例から，リーマン面は多価解析関数に付属して考えられる便宜的なもののように思われるかも知れないが，次に述べるように，リーマン面は多価関数とは全く無関係に定義される有用な概念，すなわち多様体である．この認識に到達するには半世紀以上もかかったのである．

4．リーマン面

抽象的リーマン面の定義を与えるのは簡単であるが，多価関数のリーマン面からなぜそう飛躍するのか釈然としないであろう．そこで次の 2 価関数

$$w=\sqrt{(z-e_1)(z-e_2)(z-e_3)(z-e_4)}$$

のリーマン面 F を考える．2 つの線分 $\overline{e_1e_2}$，$\overline{e_3e_4}$ は交わらないとして，2 枚の平面 F_1, F_2 をその線分に沿って切り，その切り口を $\sqrt{z}$ のリーマン面のように交叉的に接合してできる面が F である．無限遠点も面の点に入れるために平面の代りに数球面を用いて図10．9 のように球面を連続的に変形しながら F の接合方法に従って切口を接合すると F は位相的にトーラス（浮袋のような面）と同じであることが分る．このように 3 次元空間の中に実現すると F の構造がはっきりするものを平面の上で考えるから苦しかった．

リーマン面を最初から上のような曲面として厳密な定義を与えたのは**ワイル**（Hermann Weyl, 1885-1955）である（1913年)．関連した若干の定義を記そう．R は連結なハウスドルフ空間（位相空間で，その任意の 2 点 p，q に対して $U(p)\cap U(q)=\phi$ なる近傍 $U(p)$，$U(q)$ が存在する）であって，R の各点が平面上の円板と位相同型な近傍をもつとき R を（2 次元）**多様体**という．その近傍 $U=U(p)$ を $\boldsymbol{C}$ 上の円板にうつす位相写像 $z=\varphi(q)$，$q\in U$ を p(或いは U) における**局所変数**という．そして多様体 R の局所近傍間のつながり方（構造）として次のような**等角構造**が入っているとき R を**リーマン面**という．すなわち R 上の任意の

2つの相交わる近傍 U_i $(i=1,2)$ に対して $z_i=\varphi_i(q)$ をその局所変数とするとき，$z_2=\varphi_2\circ\varphi_1{}^{-1}(z_1)$ が $U=U_1\cap U_2$ に対応する集合 $E_1=\varphi_1(U)$ から $E_2=\varphi_2(U)$ への等角写像であるとき等角構造という(図10.10参照).

R がコンパクトのとき**閉** (closed) リーマン面，そうでないとき**開** (open) リーマン面という．例えば，球面は閉リーマン面，平面上の有界領域は開リーマン面である．ワイエルシュトラスの意味の解析関数 $\boldsymbol{f}$ に対してそれに属する関数要素とその中心との組を抽象的な点と考え適当な位相を入れるとリーマン面になる．これを **$\boldsymbol{f}$ に属するリーマン面**という．代数関数に属するリーマン面は閉である.

リーマン面 R 上で定義された実または複素数値関数 F が，R の各点の近傍で局所変数 $z=\varphi(q)$ に関して $w=F\circ\varphi^{-1}(z)$ が調和或いは有理型関数であるとき，F は **$\boldsymbol{R}$ 上で調和**或いは**有理型**という．R の等角構造から関数のこれらの性質は局所変数の選び方には依存しない．これらの関数をもとにしてリーマン面

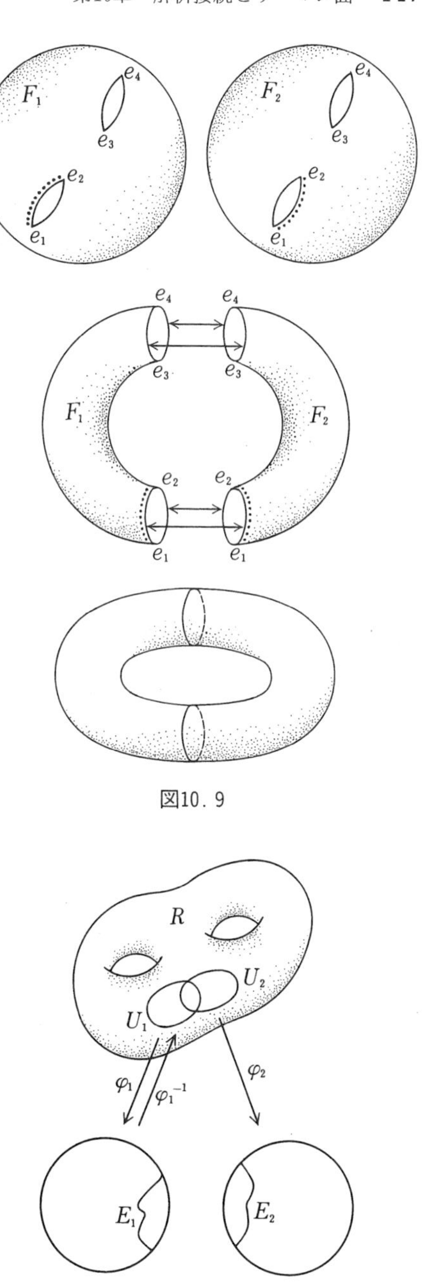

図10.9

図10.10

上の複素解析が展開されてゆく．次章でも少しふれる．

付記　**閉リーマン面論**は解析学と位相及び代数学が交叉する重要な分野であり，各方面から多くの研究がなされ古典的殿堂となった．しかし今日も閉リーマン面の(自己) 等角写像やモジュライ空間等の研究は行われている．一方開リーマン面は，それが境界をもつこと及びその種数 (位相的特性数) が有限又は無限大であることから事情は極めて異なり複雑である．また閉リーマン面が代数関数に対応するのに対して開リーマン面は超越関数に対応するともいえる．**開リーマン面論**は1950年代から分類問題やコンパクト化理論による理想境界の研究等が行われてきたが，開リーマン面上の解析的な関数や写像の存在や性質，或いは (無限次元) タイヒミュラー空間，モジュライ空間等の研究はこれ迄にない新しい発見を秘めた未開拓の分野であろう．

(参考文献) 手近かな邦書をあげるにとどめる．

楠　幸男：函数論（リーマン面と等角写像）朝倉書店　1973

中井三留：リーマン面の理論，森北出版　1980

及川広太郎：リーマン面，共立出版　1987

問　題

1．$f(z)$ は $|z|\leq 1$ で有理型，$|z|=1$ 上で $|f(z)|=R$ ならば f は有理関数である．

2．$\boldsymbol{C}$ 上の曲線 γ が，実軸上の区間 $[a, b]$ を含む領域で正則単葉な関数 φ による $[a, b]$ の像であるとき，γ を**解析曲線**という．領域 D の境界の一部(或いは全部) γ が解析曲線であるとし，$f(z)$ は $D\cup\gamma$ で連続，D で正則とする．このとき，

(i)　γ 上で $\mathrm{Re}\, f(z)$，$\mathrm{Im}\, f(z)$，$|f(z)-\alpha|$ (α は定数) のうちどれかが定数ならば f は γ を越えて解析接続できる．従って γ 上 (端点は除き) でも正則である．

(ii)　γ 上で $f(z)=C$ (定数) ならば $f(z)\equiv C$，$z\in D$．

3．$f(z)$ は上半平面 H：$\mathrm{Im}\, z>0$ で正則で実軸 $\boldsymbol{R}$ をこめて連続とする．さらに区間 $(-\infty, a)\subset\boldsymbol{R}$ で f は実数値をとり，また $f(z)\to 0$ ($|z|\to\infty$) とすれば

$$f(z)=\frac{1}{\pi}\int_a^{+\infty}\frac{\mathrm{Im}\, f(x)}{x-z}dx,$$ (**分散式** (dispersion relation))

4．$w=\sqrt[3]{(z-a)(z-b)(z-c)}$ 及び $w=\log z$ のリーマン面をえがけ．またそれらは位相的にどんな面か．

5．閉リーマン面上で一価正則な関数は定数である．

第 11 章　等角写像

等角写像の基本的な問題は，与えられた領域を標準領域と呼ばれる幾何学的に単純な領域に一対一正則に写像することである．複素解析で取扱われるいろいろな関数はこのような写像によってその解析的な性質が保存されるから，一般な領域における問題を，標準領域のそれに帰着させることができるというメリットがある．このため等角写像は理論だけでなく応用上も広く使われる．

以下では，等角写像の中でも特に重要な単連結領域に対するリーマンの写像定理を中心に話を進め，一般な領域（リーマン面を含めて）の場合についても簡単にふれるであろう．

1．等角写像の基本定理

領域 D で正則な関数 $f(z)$が単葉であるとき，f は D から領域 $\varDelta=f(D)$ への（一対一）**等角写像**（conformal mapping）という．このとき，定理 8.3 系 3 で示したように $f'(z)\neq 0, z\in D$ であり，従って f は局所的に角を不変に保つ写像である．そしてまた，逆写像 f^{-1} も存在し正則かつ単葉であるから，f^{-1} は $\varDelta$ から D への等角写像を与える．この意味で，D と $\varDelta$ とは**等角同値**であるともいう．

等角写像の基本問題は，与えられた領域 D を標準領域に等角写像する関数の存在と一意性である．そして最も重要なのは D が単連結の場合である．

さて，単連結な**標準領域**は次の 3 つである：

(i)　数球面 $\hat{\boldsymbol{C}}$：$|w|\leq\infty$

(ii)　複素平面 $\boldsymbol{C}$：$|w|<\infty$

(iii)　単位円板：$|w|<1$

注意　(a)　$f:D\to\varDelta$ を等角写像という場合，f が D の1点でのみ1位の極を持つ場合も許容する．$\varDelta$ はこのとき ∞ を内部に含む領域である．

(b)　領域(ii)と(iii)とは位相同形であるが，等角同値ではない．実際，$w=f(z)$ が $|z|<\infty$ を単位円板に等角写像するならばリウヴィルの定理により f は定数となって矛盾を生ずる．(i)と(ii)は明らかに位相的にも同値ではない．

さて，D が境界点をもたない単連結領域ならば明らかに $w=z$ によって(i)の場合である．また D の境界が唯一点 z_0 ($\neq\infty$) ならば $w=1/(z-z_0)$, $z_0=\infty$ ならば $w=z$ により D は(ii)と等角同値である．よって問題は，D の境界が2点以上を含む唯一つの成分からなる場合に D を(iii)に等

コーヒーブレイク

アーベル　Niels Henrik Abel　　アーベルは1802年8月5日，ノルウェーの西南端の小さい島の村フィンノエに生れた．父は熱心な新教の牧師で生活は貧しかったが，ニルスを首都クリスティアニア（現オスロー）の中学校に入れた．その中学に新しく赴任してきた数学教師ホルンボエとの出合いがアーベルの天才を呼びさませた．18才のとき父を失い貧困のどん底におちこんだがホルンボエの奔走によって奨学金等の特典がうけられたのでオスロー大学に進学した．1823～24年アーベルは一般な5次方程式を代数的に解く（すなわち解を係数に加減乗除および開法を有限回行った式で表わす）ことは不可能であることを証明し自費出版した．しかしこの有名な論文もその表題に「代数的に」という言葉を落したためにガウスに無視された．ガウスは既に代数方程式は必ずとけることを証明していたからである．

アーベルは1825年頃コーシーの無限級数のある収束定理の吟味から「一様収束」の概念に気付きコーシーの結果の誤りを正した．今日複素解析で一様収束の概念なくしては極限関数の性質が殆んど分らないことを思えば，この発見の重要性が理解されるであろう．

当時，楕円積分の理論がルジャンドル等の努力にも拘らず行きづまっていた．アーベルはこの問題に対して，楕円積分を直接研究するのではなく，その逆関数すなわち「楕円関数」を研究するという革命的な発想に到達した．1827年に刊行された論文「楕円関数の研究」はアーベルの名を数学史上不朽

角写像することである．これを最初に問題としその存在定理を示したのがリーマンである．

等角写像の基本定理（リーマンの写像定理ともいう）：D が単連結領域で，その境界が 2 点以上を含むならば，D を単位円板 $\varDelta$ に等角写像する関数 $w=f(z)$ が存在する．またそのとき任意の点 $z_0\in D$ で $f(z_0)=0$，$f'(z_0)>0$ $(\arg f'(z_0)=0)$ と正規化すれば，写像は一意的に定まる．

本定理の関数論的証明は教科書に譲ることにし，ここでは D のグリーン関数（その存在については前章参照）を利用した証明を記す．この証

のものにした．この研究はアーベルがパリーに滞在した頃の仕事であるが，その頃もう一つ画期的な研究がある．それは一般な「アーベル積分」と呼ばれる超越関数に関する論文（「パリー論文」ともいわれる）で1826年アカデミーに提出した．アーベル自身これは素晴しい仕事だと自信をもっていたが，いつまで待っても何の音沙汰もなかった．滞在費も少く仕方なく悲しい思いで1827年帰国，その後も研究を続けるうちに肺結核が発病する．アーベルはパリー論文が永久に消えてしまうのではないかと恐れ，病気と闘いながら最後の力をふりしぼってその主要な結果を 2 ページ程の論文にしてクレルレに送った．1829年これがクレルレの雑誌にのって大反響があり，パリーではアカデミー賞が決定された．パリー論文はコーシーの机の引出しの中で眠っていた．（印刷されたのは1841年である）

クレルレはアーベルの就職のために長年奔走してきたが，ようやくその努力が実ってベルリン大学教授のポストがアーベルに決定した．1829年 4 月26日アーベルは26才の若さで他界した．教授決定を知らせたクレルレの手紙が着いたのはその 2 日後であった．またアカデミー賞の授与も間に合わなかった．

明は本質的にはリーマンによるもので見通しがよい．まず D は有界領域としてよい（有界でないときは初等的な関数で有界領域へ等角写像できる）．$z_0 \in D$ を極にもつ D のグリーン関数を $g=g(z, z_0)$ とすると

$$g(z, z_0) = -\log|z-z_0| + u(z)$$

とかけ，u は D で調和である．u の共役調和関数を v とすると，v は単連結領域 D で一価関数で付加定数を除いて定まる．

$$h(z, z_0) = -\arg(z-z_0) + v(z)$$

とおくと $h(z, z_0)$ は z が z_0 のまわりを廻るとき 2π の整数倍の付加定数をもつ．さて

$$w = f(z) = e^{-(g+ih)} = e^{\log(z-z_0)-(u+iv)}$$
$$= (z-z_0)e^{-(u+iv)}$$

が求める写像関数であることを示そう．まず f は D で一価正則で，z_0 で1位の零点をもち，$f(z) \neq 0\ (z \neq z_0)$．次に $g(z, z_0) > 0, z \in D$ に注意する［もし $g(z_1, z_0) = k\ (<0), z_1 \in D$ とすると，$g \to +\infty\ (z \to z_0)$，$g \to 0\ (z \to \partial D)$ ゆえ，$e = \{z | g(z, z_0) < k/2\}$ は空でない開集合で $e \cup \partial e \subset D$．$g$ は e 上で調和，∂e 上で $g = k/2$ ゆえ最大値の原理で $g \equiv k/2$ となり矛盾．よって $g \geq 0$，D の内部では $g > 0$］．これより

$$|f(z)| = e^{-g(z, z_0)} < 1, \quad z \in D$$

すなわち，D の像 $f(D)$ は単位円板 Δ に含まれる．あと示すべきことは，任意の $\alpha (\neq 0) \in \Delta$ に対して方程式 $f(z) - \alpha = 0$ が D で唯一根をもつことである．任意の正数 $\varepsilon < \log(1/|\alpha|)$ をとり，$D_\varepsilon = \{z | g(z, z_0) > \varepsilon\}$ を考える．D_ε の境界 C_ε は等高線 $g(z, z_0) = \varepsilon$ であって滑らかな閉（解析）曲線である．D_ε は z_0 を含む領域である（z_0 を含まない D_ε の成分があれば $g \equiv \varepsilon$ となる）．さて

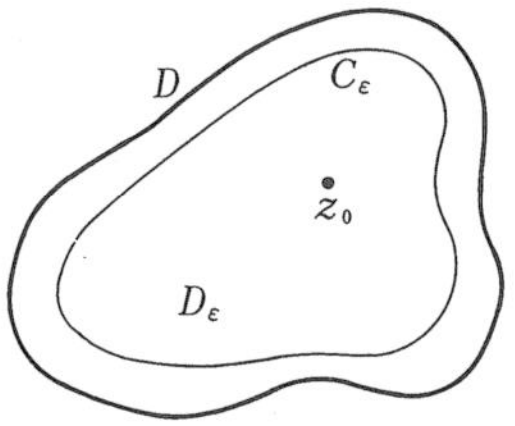

図11．1

$$|f(z)| = e^{-\varepsilon} > |\alpha|, \quad z \in C_\varepsilon$$

ゆえ，D_ε で関数 $f(z)$ と $(-\alpha)$ に対してルーシェの定理を使えば $f(z) - \alpha = 0$ と $f(z) = 0$ とは D_ε 内で同数個の根すなわち，唯一根をもつ．$\varepsilon > 0$ は任意ゆえ D でも $f(z) = \alpha$ は唯一根をもつ．なお $v(z_0) = 0$ としておけば $f'(z_0) = e^{-u(z_0)}$ ゆえ

$$f(z_0)=0,\quad f'(z_0)>0$$

という正規化条件もみたす．(一意性)：正規化された等角写像 f_i：$D\to\varDelta\,(i=1,2)$ があるとすれば，$T(w)=f_2\circ f_1^{-1}(w)$ は $\varDelta$ で正則，$|T(w)|<1$，$T(0)=0$ かつ $\arg T'(0)=\arg(f_2'(z_0)/f_1'(z_0))=0$ ゆえ，シュヴァルツの補題により $T'(0)=|T'(0)|\leq 1$．同様に $S(w)=f_1\circ f_2^{-1}(w)$ より $S'(0)\leq 1$．一方 $S'(0)=1/T'(0)$ ゆえ $T'(0)=1$．よってまた同補題から $T(w)=w$，$f_1\equiv f_2$．

上の基本定理の証明で D のグリーン関数の存在から等角写像 f：$D\to\varDelta$ の存在を示したが，この逆は殆んど明らかであろう．すなわち等角写像 $f\,(f(z_0)=0)$ が分れば，$-\log|f(z)|$ は z_0 を極にもつ D のグリーン関数である．

2．境界の対応

単連結領域 D から単位円板 $\varDelta$ への等角写像で境界はどのように対応するのであろうか？　実は，等角写像の存在証明の成功は，境界の対応のことは考えなかったことにあった．まず，境界対応が一対一でない例からはじめる．

例 1　　$w=f(z)=\dfrac{1}{2}\left(z+\dfrac{1}{z}\right)$　　(**ジューコフスキー変換**)

$f(z)$ は $\varDelta=\{|z|<1\}$ で正則（但し原点では1位の極）かつ単葉である（$\because z_i(\neq 0)\in\varDelta$，$z_1+1/z_1=z_2+1/z_2$ ならば $z_1=z_2$）．よって f は等角写像である．そして $z=e^{i\theta}\in\partial\varDelta$ に対し

$$w=\frac{1}{2}(e^{i\theta}+e^{-i\theta})=\cos\theta,\quad -1\leq w\leq 1$$

であり $f(e^{i\theta})=f(e^{-i\theta})$．すなわち f は $\varDelta$(或いは $\hat{C}-\overline{\varDelta}$) を $D=\hat{C}-I$ (I は閉区間 $[-1,1]$) に等角写像し，境界 $\partial\varDelta$ と $\partial D=I$ とは，I の両端点を除いて，2対1に対応する！　なおこの変換は航空機の翼の研究に用いられる．

リーマンの写像関数の境界対応を研究したのは，**カラテオドリ** (Constantin Carathéodory，1873-1950) であり，とくに次の定理がよく使われる：

定理 11.1　D が単連結な**ジョルダン領域**（単一閉曲線で囲まれた領

域）ならば，D から単位円板 $\varDelta$ への等角写像 f は $\overline{D}$(D の閉包）から $\overline{\varDelta}$ への同相写像に拡張される．

証明は略し，その一応用として次の位相的な結果（**シェーンフリースの定理**）を注意しよう：

“単一閉曲線 C の各点は C の内部 D（或いは外部）の点から到達可能である”

点 $\xi\in C$ が D の点から**到達可能**であるとは，D の一点から D 内の曲線で ξ と結べることである．実際，等角写像 $w=f(z)$：$D\to\varDelta$ を考えると定理 11.1 により f は $\overline{D}$ から $\overline{\varDelta}$ への同相写像に拡張される．よって $f(z_0)=0$, $f(\xi)=\omega\in\partial\varDelta$ とすると，半径 $\overline{0\omega}$ の逆像 $f^{-1}(\overline{0\omega})$ は D 内の曲線で z_0 を ξ と結ぶ．すなわち ξ は到達可能である．

図11．2 のような線分 $\overline{\mathrm{PQ}}$ に収束する歯をもつ「クシ状」単連結領域 D の点から $\overline{\mathrm{PQ}}$ の各点（$\neq$P）は到達可能ではない！

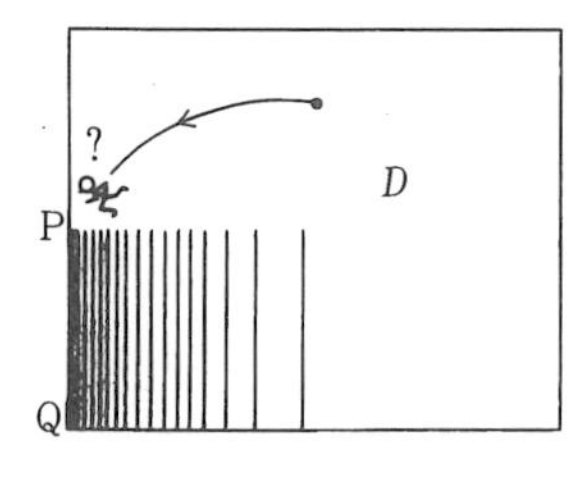

図11．2

定理 11.1 の他の応用として，定理 11.1 の記号のもとに，

“∂D 上の 3 点 z_1, z_2, z_3 をそれぞれ $\partial\varDelta$ 上の与えられた 3 点 w_1, w_2, w_3 にうつす等角写像 f：$D\to\varDelta$ が一意的に存在する．但し 3 点は共に同じ順序にあるとする”

実際，f を $\overline{D}$ に拡張し $f(z_i)=\xi_i\in\partial\varDelta$ ($i=1,2,3$) とし，3 点 ξ_i をそれぞれ w_i にうつす一次変換 g を考える．一次変換は円を円にうつし，また円は 3 点できまるから g は $\varDelta$ を $\varDelta$ にうつす等角写像であり，$g\circ f$ は求める写像である．（一意性）f_1, f_2 が同じ性質をみたす写像とすると，$f_1\circ f_2^{-1}$ は $\varDelta$ を $\varDelta$ にうつす等角写像ゆえ一次変換である（問題 **3**．参照）．そしてそれは 3 点 w_i を固定するから恒等変換であり，従って $f_1\equiv f_2$.

それでは境界上の 3 点の代りに「4 点」を指定することができるであろうか？　答は一般に *no* であるが，この問題は等角写像の深い性質にふれるものであり後述する．

3．多角形の等角写像

D が多角形（の内部）の場合，リーマンの写像関数は具体的な形で表わされる．ここでは単位円板の代りに上半平面 $H=\{\mathrm{Im}\, z>0\}$ をとり，H から D への写像関数を求める．

定理 11.2（シュヴァルツ・クリストッフェルの変換）

w 平面上の多角形 P（凸とは限らない）が与えられたとし，その頂点を b_j $(1\leq j\leq n)$，各 b_j における P の内角を $\alpha_j\pi$ $(0\leq\alpha_j\leq 2)$ とする．H から P への等角写像を $w=f(z)$ とし，$b_j=f(a_j)$ とすれば

(11.1)
$$w=f(z)=c\int^z\prod_{j=1}^{n}(z-a_j)^{\alpha_j-1}dz+c'$$

但し，c, c' は P の大きさと位置に依存する定数である．

もし $a_n=\infty$ ならば，(11.1)式で $j=n$ の項を除いた式が写像関数を与える．

証明は略し，二三の応用をあげる．

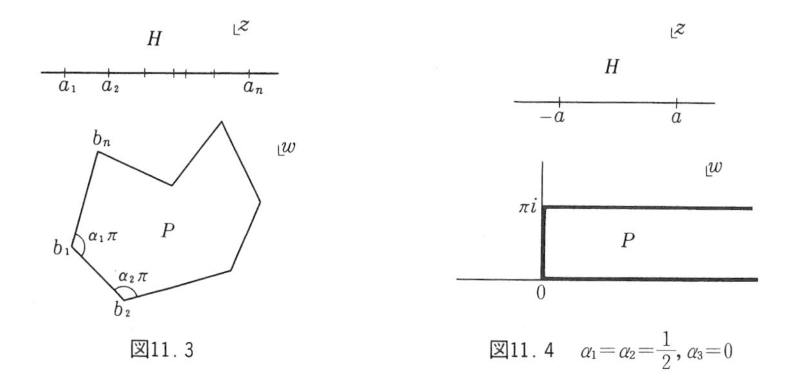

図11.3

図11.4　$\alpha_1=\alpha_2=\frac{1}{2}, \alpha_3=0$

例 2　P は図11.4の多角形($b_1=\pi i$，$b_2=0$，$b_3=\infty$)，$a_1=-a$，$a_2=a$ (>0)，$a_3=\infty$ とし (11.1) より写像 $H\to P$ を求める．

$$w=c\int^z(z+a)^{-\frac{1}{2}}(z-a)^{-\frac{1}{2}}dz+c'$$
$$=c\int^z\frac{dz}{\sqrt{z^2-a^2}}+c'=c\cosh^{-1}\frac{z}{a}+c'$$

$w(a_j)=b_j$ より $c=1, c'=0$. よって $w=\cosh^{-1}\dfrac{z}{a}$ 或いは $z=a\cosh w$

(実際この関数について写像を確めて見よ)

例 3　$0<k<1$ に対して

$$w=\int_0^z \frac{dz}{\sqrt{(1-z^2)(1-k^2z^2)}} \tag{11.2}$$

は H を長方形 P に等角写像し，実軸上の 4 点 $-1/k$，-1，1，$1/k$ をそれぞれ P の頂点 $-K+iK'$，$-K$，K，$K+iK'$ にうつす(図11．5参照)．ここに K，K' は，$0<k'=\sqrt{1-k^2}$ として，次式で与えられる：

$$\begin{aligned} K&=\int_0^1 \frac{dt}{\sqrt{(1-t^2)(1-k^2t^2)}} \\ K'&=\int_0^1 \frac{dt}{\sqrt{(1-t^2)(1-k'^2t^2)}} \end{aligned} \tag{11.3}$$

頂点の対応を除いて (11.2) の式は (11.1) から明らか．z が実軸上 0 から 1 に近づくと w は 0 から K に近づく．z が 1 を越えるとき平方根の符号が変わり，$z\in(1,1/k)$ で

$$\begin{aligned} w&=K+i\int_1^z \frac{dz}{\sqrt{(z^2-1)(1-k^2z^2)}} \\ &=K+i\int_0^t \frac{dt}{\sqrt{(1-t^2)(1-k'^2t^2)}} \end{aligned}$$

但し $z=1/\sqrt{1-k'^2t^2}$ という変数変換を行った．これより $z=1/k$ のとき $w=K+iK'$ が分る．他の頂点の対応も同様にして分る．

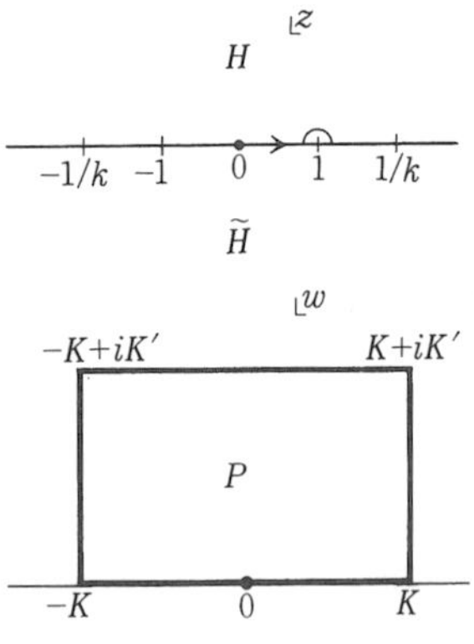

次に (11.2) の逆写像 $z=z(w)：P\to H$ の著しい性質を注意する．その写像で P の各辺は実軸上の線分にうつる，例えば辺 $a=\overline{K,K+iK'}$ は線分 $\overline{1,1/k}$ に移ったからシュヴァルツの鏡像の原理により，$z(w)$ は a に関して P と対称な長方形 P_1 へ解析接続される．そして P_1 は下半平面 $\tilde{H}$ に写像される．

図11．5　$\alpha_1=\alpha_2=\alpha_3=\alpha_4=\dfrac{1}{2}$

次に P_1 の辺 a_1 (図11．6参照) に対してまた鏡像の原理を使うと $z=z(w)$ は長方形 P_2 へ解析接続され，P_2 の像は H になる．a に関する w の対称点を w^* とすると，w^* の a_1 に関する対称点は $w+4K$ であり，$z(w+4K)=\overline{z(w^*)}$，$z(w^*)=\overline{z(w)}$ ゆえ

$$z(w+4K)=z(w).$$

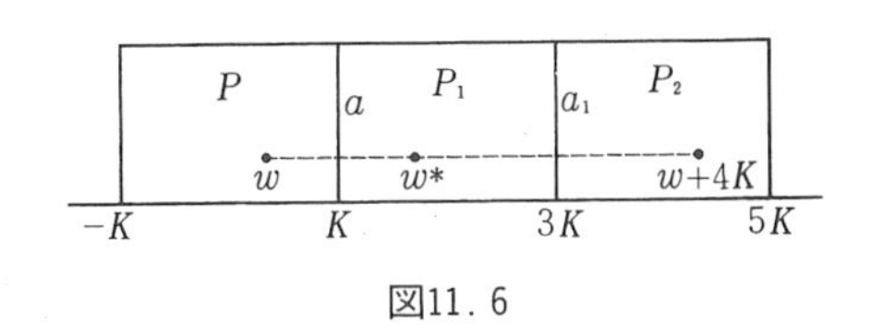

図11.6

同様に P の水平な辺について解析接続すると

$$z(w+2K'i)=z(w)$$

すなわち $z(w)$ は $\boldsymbol{C}$ で比が実数でない数 $4K$, $2K'i$ を周期にもつ関数である．この関数を，z と w を書きかえて

$$w=\mathrm{sn}\, z \qquad (\mathrm{sn}\, 0=0)$$

と書く．また

$$\mathrm{cn}\, z=\sqrt{1-\mathrm{sn}^2 z} \qquad (\mathrm{cn}\, 0=1),$$

$$\mathrm{dn}\, z=\sqrt{1-k^2\mathrm{sn}^2 z} \qquad (\mathrm{dn}\, 0=1)$$

と定義し，これらを**ヤコビの楕円関数**という．(Carl Gustav Jacobi, 1804-1851)．

一般に $\boldsymbol{C}$ 上の有理型関数 $f(z)$ が比が実数でない複素数 ω_1, ω_2 を**周期**にもつ，すなわち

$$f(z+\omega_1)=f(z),\ \ f(z+\omega_2)=f(z),\ \ z\in \boldsymbol{C}$$

であるとき，f を**楕円関数**という．なお，一次変換 $z\to z+\omega_1$, $z\to z+\omega_2$ で同値な点を同一視した商空間 $\boldsymbol{C}/\sim$ はトーラス（種数 1 のリーマン面）であり，f はその上の有理型関数になる．

例 4　単連結なジョルダン領域 Q の境界 C 上に 4 点 z_1, z_2, z_3, z_4 が指定されたとき，$Q=Q(z_1, z_2, z_3, z_4)$ を **4 辺形**という．ただし 4 点は C の正の方向にその順序とする．このとき Q をある長方形 P に等角写像し，かつ 4 点 z_i が P の 4 頂点に対応するようにできる．

実際，まずリーマンの写像定理で Q を上半平面 H に等角写像し，z_i に対応する実軸上の点を x_i とする．いま $x_1<x_2<x_3<x_4$ としておこう．そして H を H にうつし x_1, x_2, x_3, x_4 をそれぞれ $-1/k$, -1, 1, $1/k\,(0<k<1)$ にうつす一次変換を考える（第 4 章問題 **2**）．次に例 3 の写像で H を長方形 P にうつし，$-1/k$, -1, 1, $1/k$ を P の 4 頂点にうつす．以上の写像を合成すればよい．なお，P の 2 辺の比 a/b を Q の**モジュラス**といい，

$$\mathrm{mod}\, Q(z_1, z_2, z_3, z_4)=a/b$$

と書く，$\mathrm{mod}\, Q(z_2, z_3, z_4, z_1)=b/a$．モジュラスは等角不変量であること

が示されるので，P の形は（定数倍を除いて）Q と 4 点 z_i によって一意的に決まってしまう．

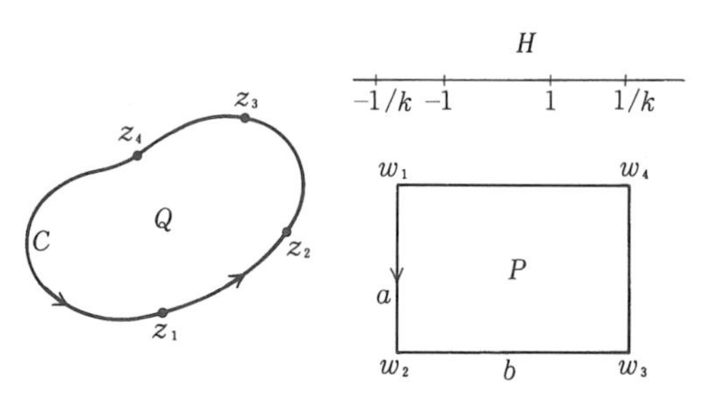

図11.7

4．一般な領域の等角写像

(I)　平面上の多重連結領域

まず 2 重連結領域のとき，その典型的な標準領域は同心円環である．2 重連結領域 D から同心円環への等角写像は原理的に簡単であるからスケッチする．D の境界 C_1，C_2 は単一閉曲線としておく，このとき D でディリクレ問題がとけるから，境界値 $\varphi(\xi)$ として C_1 上で $\varphi=0$，C_2 上で $\varphi=1$ を与え，そのディリクレ問題の解を $u(z)$ とする．u の共役調和関数 $v(z)=\int^z {}^*du$ を考えると，v は局所的には一価であるが，C_1 のまわりを一周すると v は一般に付加定数（**周期**という）だけ異なる値をもつ．例えば γ は C_1 と C_2 を分ける単一閉曲線（γ は C_1 にホモローグ）とすると，周期は

$$d=\int_\gamma {}^*du=\int_{C_1} {}^*du$$

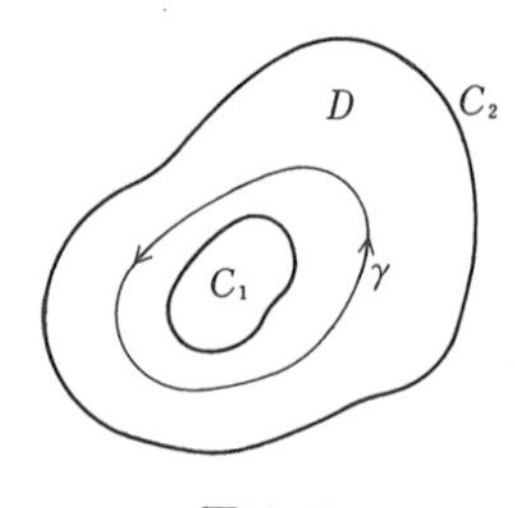

図11.8

であり，$d=D(u)>0$（$D(u)$ は u のディリクレ積分）．そして

$$w=f(z)=e^{\frac{2\pi}{d}(u+iv)}$$

が求める写像関数である．実際，f は D で一価正則であり C_1 上で $|f|=1$，C_2 上で $|f|=e^{2\pi/d}$．そして f が D から同心円環 $\{1<|w|<e^{2\pi/d}\}$ の

上への単葉な写像であることは偏角の原理を用いて示される．

なお一般に D が同心円環 $\{r_1<|w|<r_2\}$ に等角写像されるとき，$\log(r_2/r_1)$ を D の**モジュラス**といい，4 辺形の場合と同様に等角不変量である．

D が n 重連結領域（$2\leq n\leq\infty$）のとき，標準領域には図11.9のようなものがある．

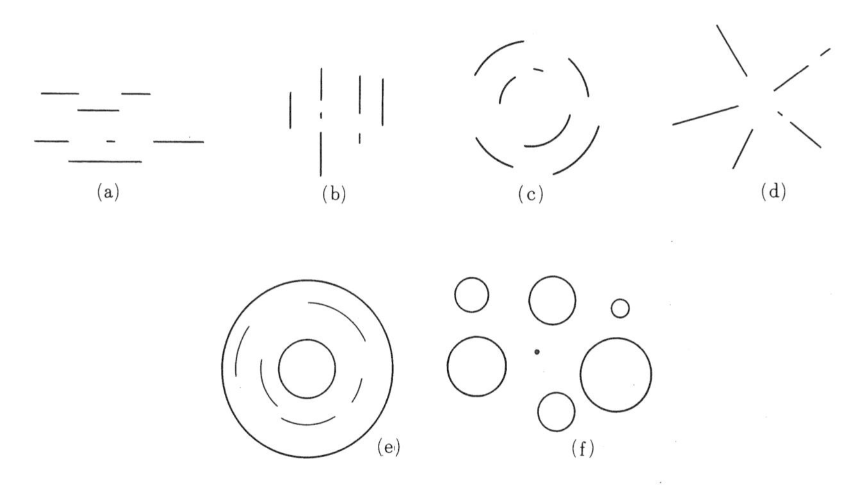

図11.9　(a)～(d)は C から平行線分，同心円弧，放射線分を除いた領域，(e)は同心円環から同心円弧を除いた領域，(f)は諸円板の外部

D からこれらの標準領域への等角写像にはディリクレ問題や極値法等いろいろの方法が知られている．

(II)　リーマン面

第 1 節で単連結領域の等角写像の基本定理を述べたが，リーマンは最初から，彼自身が導入したリーマン面が単連結のとき，それを単位円板に等角写像できることを示したのであった．正確に定式化するために，前章で述べたリーマン面の厳密な定義のもとで，R は与えられたリーマン面とする．R の基本群が単位元からなるとき R は**単連結**であるという．（直観的には，R 上の任意の閉曲線を連続的変形で 1 点に縮めることができることである）このとき R を $\widehat{C}$ か C 或いは単位円板 $\varDelta$ のいずれかに一対一等角写像できる．これを（**一般化された**）**リーマンの写像**

定理という．

R が任意の（単連結とは限らない）リーマン面の場合は，R の**普遍被覆面**（universal covering surface）$\tilde{R}$ を考える．すなわち $\tilde{R}$ は単連結リーマン面であって，射影 π：$\tilde{R}\to R$ は R の上への局所等角写像である．一般化されたリーマンの写像定理によって $\tilde{R}$ は標準領域 D（$\hat{\boldsymbol{C}}$，$\boldsymbol{C}$，$\varDelta$ のいずれか）に等角写像される．このとき，D を不変にする一次変換の（固有）不連続群 G が存在し，R は商空間 D/G に等角同値になる．この事実をリーマン面の**一意化**（uniformization）という．$D=\hat{\boldsymbol{C}}$ になるのは R 自身 $\hat{\boldsymbol{C}}$ のときに限る．また $D=\boldsymbol{C}$ ならば R は $\boldsymbol{C}$ か $\boldsymbol{C}-\{0\}$ かトーラスのいずれかに等角同値である．R の種数が ≥ 2 ならば $D=\varDelta$ で，このとき G を D 上に作用する**フックス群**という．

（参考文献） リーマン面の文献（前章）及び近年の書：

吹田信之：近代函数論II（等角写像の理論），森北出版1977.

The Bieberbach conjecture, Proc. of the Symposium on the occasion of the proof. Amer. Math. Soc. 1986.

問　題

1．$w=f(z)$ は単連結領域 D を単位円板に等角写像し，$f(z_0)=0$，$z_0\in D$ とする．また $g(z)$ は D で正則，$|g(z)|<1$，$g(z_0)=0$ をみたす関数とすれば，$|g'(z_0)|\leq |f'(z_0)|$ であり，等号は $g=e^{i\theta}f$ のときに限る．

2．$w=\dfrac{z}{(1-z)^2}$（**ケーベ関数**）は $|z|<1$ を $\boldsymbol{C}-(-\infty,\ -1/4]$ の上に等角写像する．

3．$\boldsymbol{C}$ 又は単位円板 $\varDelta$ をそれ自身にうつす等角写像は一次変換に限る．

4*．$f(z)$ は $|z|<R$ で正則，$|f(z)|\leq M$ とし，$f(0)=0$，$a_1=f'(0)\neq 0$ とすれば，f は $|z|<R\left(1-\sqrt{\dfrac{M}{M+|a_1|R}}\right)$ で単葉である．

5*．円弧三角形 $\left\{z\middle|0<\mathrm{Re}\,z<1, \mathrm{Im}\,z>0, \left|z-\dfrac{1}{2}\right|\geq\dfrac{1}{2}\right\}$ を上半平面 $\mathrm{Im}\,w>0$ に等角写像し，3点 $0,\ 1,\infty$ を固定する関数を $w=\lambda(z)$ とするとき，(i) $\lambda(z)$ は $\mathrm{Im}\,z>0$ 全体に解析接続できる (ii) $\lambda(z)$ は $\mathrm{Im}\,z>0$ で正則で，$\neq 0, 1, \infty$ でありかつそれ以外の値を無限回とる (iii) $\lambda(z+2)=\lambda(z)$，$\lambda(z/(2z+1))=\lambda(z)$．

第 12 章　二三の話題

まず第1節では有理型関数の2つの基礎定理すなわち，与えられた無数の特異点をもつ有理型関数の存在とその表現（部分分数展開）と，与えられた無数の零点をもつ正則関数の存在とその表現（無限積因数分解）を紹介，第2節では正則関数の正規族の概念を述べ，近年複素力学系にも用いられるジュリア集合についてふれる．

最後に第3節では，現在の複素解析の最先端にゆく一つの道として擬等角写像の話を記した．実解析の予備知識がなくても大体どんなことか察知していただけるのではなかろうか．

1．有理型関数の存在と表現

$f(z)$ が領域 D で有理型関数ならば，その極の集合 $\{a_n\}$ は D 内に集積点をもたない（一致の定理）．各点 a_n における f のローラン展開の主要部を $P_n(1/(z-a_n))$ とすると，$P_n(\zeta)$ は定数項をもたない ζ の多項式で，a_n の近傍で

$$f(z)=P_n\left(\frac{1}{z-a_n}\right)+(z\text{ の正則関数})$$

という形に書ける（ローラン展開）．このとき f は点 a_n で**特異性**(singularity) $P_n(1/(z-a_n))$ をもつともいう．さてこの逆の問題を考える．すなわち与えられた D 上の点列と特異性をもつ有理型関数が存在するであろうか？　これに答えるのが次の**ミッタグ・レフラーの定理**である：

定理 12.1　$\{a_n\}_{n=1}^{\infty}$ は領域 D 上の点列で D 内に集積点をもたないとし，P_n は定数項をもたない多項式とする．このとき各 a_n で特異性 $P_n(1/(z-a_n))$ をもち，$\{a_n\}$ 以外では正則な D 上の有理型関数 $\varphi(z)$ が存在する．この $\varphi(z)$ は，D 上の正則関数を除いて，次の形で与えられる：

(12.1)
$$\varphi(z)=\sum_{n=1}^{\infty}\left[P_n\left(\frac{1}{z-a_n}\right)-p_n(z)\right]$$

ここに各 $p_n(z)$ は D の境界上の一点にのみ極をもつ適当な有理関数である．

系として，$f(z)$ が D 上の有理型関数のとき，f と同じ特異性をもつ D 上の有理型関数 φ を（12.1）のように作れば f の**部分分数展開**

$$f(z)=\varphi(z)+g(z)$$

がえられる．ただし g は D で正則な関数である．

定理 12.1 の証明は略すが，その巧妙な点は，一般に $\sum P_n(1/(z-a_n))$ は収束するとは限らないが特異性には影響しない $p_n(z)$ をひけば (12.1) が収束するという点である．応用上重要なのは $D=\boldsymbol{C}$ の場合であり，この場合の $p_n(z)$ のとり方は次の例から類推できるであろう．

例 1　$a_n=n\,(n=0,\pm1,\pm2,\cdots)$ で特異性 $P_n=(-1)^n/(z-n)$ をもつ $\boldsymbol{C}$ 上の有理型関数（の一つ）は

(12.2)
$$\varphi(z)=\frac{1}{z}+\sum_{n\neq0}(-1)^n\left[\frac{1}{z-n}+\frac{1}{n}\right].$$

まず関数 $1/(z-n)$，$(n\neq0)$ は $|z|<|n|$ で正則ゆえ，べき級数 $\dfrac{1}{z-n}=$

コーヒーブレイク

ポアンカレ　Henri Poincaré　ポアンカレは1854年４月29日フランスのナンシーに生れた．73年エコール・ポリテクニクに入学．そこを経て75年鉱山学校に入学．４年後卒業して鉱山技師として山で働いたが，同じ79年パリー大学に微分方程式の論文を提出し学位をえた．81年パリー大学に招かれ５年後には教授になる．87年パリー科学学士員の会員に，1908年にはアカデミ・フランセーズ会員に選ばれ学者として最高の地位をえた．1912年７月17日没．

学問が次第に専門化するなかでポアンカレは最後の「万能学者」といわれる．じっさい彼の研究は数学の全分野から物理学の殆んどの分野，天文学や地理学に及んでいる．またその幅広く深い専門知識に基づいて科学思想の独創的考察を行った．それらは「科学と仮設」「科学の価値」「科学の方法」の３部作に発表され愛読された．ポアンカレの研究の内容について，ここでは

$\dfrac{-1}{n}\left(1+\dfrac{z}{n}+\dfrac{z^2}{n^2}+\cdots\right)$ に展開される．このとき $P_n=(-1)^n/(z-n)$ に対して p_n として，その展開の第 1 項 $p_n(z)=(-1)^n\dfrac{-1}{n}$ を取ればよいことを示そう．それには任意の正数 R に対して (12.2) の $\varphi(z)$ が $|z|<R$ で，有限個の極を除いて，正則であることを示せばよい．番号 $N>2R$ をとり

$$\varphi(z)=\frac{1}{z}+\sum_{|n|=1}^{N-1}+\sum_{|n|\geq N}(-1)^n\left[\frac{1}{z-n}+\frac{1}{n}\right]$$

とわける．$|z|<R$ のとき，$|n|\geq N$ ならば $|z|<R<|n|/2$ ゆえ

$$\left|P_n\left(\frac{1}{z-n}\right)-p_n(z)\right|=\left|\frac{1}{z-n}+\frac{1}{n}\right|\leq\frac{|z|}{n^2}\left(1+\left|\frac{z}{n}\right|+\cdots\right)$$
$$\leq\frac{|z|}{n^2}\left(1+\frac{1}{2}+\frac{1}{2^2}+\cdots\right)\leq\frac{2R}{n^2}$$

であり，$\Sigma 1/n^2$ は収束するからワイエルシュトラスの判定法（定理3.2）により $\displaystyle\sum_{|n|\geq N}(-1)^n[1/(z-n)+1/n]$ は $|z|<R$ で正則である！

応用として，関数 $\pi/\sin(\pi z)$ を考える．$\boldsymbol{C}$ 上の正則関数 $\sin(\pi z)$ の零点は $z=n$ $(n=0, \pm1, \pm2, \cdots)$ で，各 $z=n$ で展開 $\sin(\pi z)=(-1)^n\pi(z-n)$

複素解析方面のみにふれる．彼は若い頃からフックス群，保型関数，リーマン面やディリクレ問題などの重要課題にとり組み顕著な成果をえた．例えば，いわゆるポアンカレ級数を導入してフックス群で不変な保型関数を構成，ポテンシャル論の掃散法，円板上にポアンカレ計量を導入しロバチェフスキー・ボヨイの非ユークリッド幾何学を円板上に実現．またケーベとは独立にリーマン面の一意化定理を証明した（1907）．

ポアンカレ

ポアンカレは今世紀の数学に多くの素材を残した．それを示す近年の書（関連方面の論文集）を参考迄にあげておこう：*The mathematical heritage of Henri Poincaré* (*Proceedings of Symposia in pure mathematics,* Amer. Math. Soc. 1980（2巻．ポアンカレの全著作リストも含まれている）

$+\cdots$ をもつから，$\pi/\sin(\pi z)$ は $\boldsymbol{C}$ で有理型で，各 $z=n$ で特異性 $(-1)^n/(z-n)$ をもつ．従って (12.2) の φ を用いると，$\pi/\sin(\pi z)-\varphi(z)=g(z)$ は $\boldsymbol{C}$ 上の正則関数である．一方 $\sin(\pi z)$ と φ の具体的な形から g は有界なことが分るのでリウヴィルの定理により g は定数となる．$|y|\to\infty$ とすればその定数は 0 であることが分り，次の部分分数展開がえられる：

$$\text{(12.3)}\qquad \frac{\pi}{\sin(\pi z)}=\frac{1}{z}+\sum_{n\neq 0}(-1)^n\left[\frac{1}{z-n}+\frac{1}{n}\right]$$
$$=\frac{1}{z}+2z\sum_{n=1}^{\infty}\frac{(-1)^n}{z^2-n^2}$$

定理 12.1 の他の応用として，与えられた零点をもつ正則関数の存在について次の定理をうる：

定理 12.2　$\{a_n\}_{n=1}^{\infty}$ は領域 D 上の点列で D 内には集積点をもたないとする．また $\{k_n\}$ は与えられた正整数の列とする．このとき各 a_n で k_n 位の零点をもち，$\{a_n\}$ 以外では零点をもたない D 上の正則関数が存在する．

(証明の要点)　各点 a_n で特異性 $P_n(1/(z-a_n))=k_n/(z-a_n)$ $(n=1,2,\cdots)$ をもつ D 上の有理型関数 $\varphi(z)$ を定理 12.1 によって作る．$\varphi(z)=\sum_{k=1}^{\infty}[k_n/(z-a_n)-p_n(z)]$ の右辺は $D-\{a_n\}_{n=1}^{\infty}$ で広義一様収束するから項別積分ができ

$$\Phi(z)=\int_{z_0}^{z}\varphi(z)dz$$
$$=\sum_{n=1}^{\infty}[k_n\log(z-a_n)+(z\text{ の正則関数})]\qquad(\text{mod }2\pi i)$$

このとき $f(z)=e^{\Phi(z)}$ は D で一価正則で，各点 a_n の近傍で $f(z)=(z-a_n)^{k_n}e^{h(z)}$ (h は正則関数）という形にかけ，$e^h\neq 0$ ゆえ，$f(z)$ は求める関数である．

系（ポアンカレ）　領域 D 上の有理型関数は，D 上の正則関数の比として表わされる．

実際，$F(z)$ が D で有理型で，a_n $(n=1,2,\cdots)$ で k_n 位の極をもつとき，上の正則関数 f と F の積 $g(z)=f(z)F(z)$ は極が消えて D 上の正則関数になるからである．

さて応用上重要なのは $D=\boldsymbol{C}$ の場合であり，このとき定理 12.2 の正則関数は因数分解表示できる．その際因数が無数にあるからいわゆる無

限積になる．そこでまず無限積について注意しその因数分解表示を示そう．

複素数列 $\{q_n\}_{n=1}^{\infty}$ に対して積 $q_1q_2\cdots q_n$ を $Q_n=\prod_{j=1}^{n}q_j$ と書く．$Q_n\to Q(\neq 0)$, $(n\to\infty)$ のとき**無限積**は**収束する**といい，$Q=\prod_{n=1}^{\infty}q_n$ 或いは単に $\prod q_n$ と書く．収束すれば $q_n=Q_n/Q_{n-1}\to 1(n\to\infty)$．これより無限積は $\prod(1+a_n)$ と書かれることが多い．そうすると収束すれば $a_n\to 0$ である．

次に領域 D 上の正則関数列 $\{q_n(z)\}$ の無限積を考える．但し D 内の任意のコンパクト集合上に零点をもつ関数は高々有限個とする．このとき無限積

$$Q(z)=\prod_{n=1}^{\infty}q_n(z)$$

が D で**広義一様収束する**というのは，D 内の各コンパクト集合 K に対して K 上で零点をもつ有限個の関数を除いた無限積，例えば $\prod_{j>N}q_j(z)$, が K 上である $Q^*(z)(\neq 0)$ に一様収束することと定義する．$Q(z)$ は明らかに $Q^*(z)$ に有限個の積 $q_1(z)\cdots q_N(z)$ をかけたものであり，$Q(z)$ は D で正則である．

定理 12.3（ワイエルシュトラスの因数分解定理）　$f(z)$ は整関数でその零点を $\{a_n\}_{n=1}^{\infty}$（但し $a_n\neq 0$ とし，零点の位数だけ同じ点を並べる）及び $z=0$(位数を $m\geq 0$) とする．このとき適当な整数 $k_n\geq 0$ をとれば $f(z)$ は $\boldsymbol{C}$ 上で広義一様収束する無限積

$$f(z)=z^m e^{g(z)}\prod_{n=1}^{\infty}\left(1-\frac{z}{a_n}\right)e^{\frac{z}{a_n}+\frac{1}{2}\left(\frac{z}{a_n}\right)^2+\cdots+\frac{1}{k_n}\left(\frac{z}{a_n}\right)^{k_n}} \tag{12.4}$$

で表わされる．$g(z)$ は整関数である．

証明略．

例　複素ガンマ関数 $\Gamma(z)$ に対して $1/\Gamma(z)$ は $z=0,-1,-2,\cdots$ で1位の零点をもつ整関数で，

$$\frac{1}{\Gamma(z)}=ze^{\gamma z}\prod_{n=1}^{\infty}\left(1+\frac{z}{n}\right)e^{-\frac{z}{n}}$$

という因数分解表示が成り立つ．ここに $\gamma=\lim_{n\to\infty}\left(1+\frac{1}{2}+\cdots+\frac{1}{n}-\log n\right)$ は**オイレルの定数**である．なお $\gamma=0.57721\cdots$ が無理数かどうかは今日も分っていない．

2．正　規　族

$\boldsymbol{C}$ 上の集合 E 上の実または複素数値関数のある族 $\mathcal{F}=\{f(z)\}$ を考える．$\mathcal{F}$ は一般に無限個の元からなり，可算とは限らない．$\mathcal{F}$ が E で**同等連続**（equi-continuous）であるとは，任意の $\varepsilon>0$ に対して次の性質をみたす $\delta>0$ が存在することである：任意の 2 点 z, $z'\in E$ が $|z-z'|<\delta$ ならば，すべての $f\in\mathcal{F}$ に対して

$$|f(z)-f(z')|<\varepsilon$$

が成り立つ．定義から，$\mathcal{F}$ が E で同等連続ならば各 $f\in\mathcal{F}$ は E で一様連続（従って勿論連続）である．同等連続性の簡単な十分条件をあげる：$\mathcal{F}$ が E で**アルツェラの条件**をみたす，すなわちすべての $f\in\mathcal{F}$ に対して

$$|f(z)-f(z')|<K|z-z'|,\quad z, z'\in E$$

をみたす定数 K が存在すれば，$\mathcal{F}$ は明らかに同等連続である．

定理 12.4（アルツェラ・アスコリ）　$\boldsymbol{C}$ 上のコンパクト集合 E 上の関数族 $\mathcal{F}=\{f_n(z)\}_{n=1}^{\infty}$ が E で同等連続でかつ，$|f_n(z)|\leq M(z)<\infty$, $z\in E$ $(n=1,2,\cdots)$ ならば，$\mathcal{F}$ は E で一様収束する部分列を含む．

証明略．次に正則関数の族を考えよう．領域 D 上の正則関数族 $\mathcal{F}=\{f(z)\}$ に対して，$\mathcal{F}$ に含まれる任意の可算列 $\{f_n(z)\}_{n=1}^{\infty}$ が D で広義一様収束する部分列を含むとき，$\mathcal{F}$ は D で**正規族**（normal family）である，或いは $\mathcal{F}$ は D で**正規である**という．これに対して次の基本的な**モンテルの定理**が成りたつ（Paul Aristide Montel，1876-1975）．

定理 12.5　$\mathcal{F}=\{f(z)\}$ は領域 D 上の正則関数族とする．もし $\mathcal{F}$ が局所一様有界（すなわち D の各点の近傍ですべての $f\in\mathcal{F}$ に対して $|f(z)|\leq M$ なる定数 M が存在する）ならば $\mathcal{F}$ は D で正規族をなす．

証明をスケッチしよう．D の近似列 $D_1\subset D_2\subset\cdots\subset D_n\subset\cdots$, $D_n\to D$ をとる．各 D_n は領域で $\overline{D}_n=D_n\cup\partial D_n$ は完全に D_{n+1} に含まれるとしてよい．$\mathcal{F}$ の局所一様有界性から $\mathcal{F}$ は $\overline{D}_n$ で一様有界：すべての $f\in\mathcal{F}$ に対して $|f(z)|\leq M_n$, $z\in\overline{D}_n$ が分る．さらに $\mathcal{F}$ は $\overline{D}_n$ で同等連続であることを示そう．任意の $z, z'\in\overline{D}_n$ に対してコーシーの積分公式より

$$|f(z)-f(z')|=\frac{1}{2\pi}\left|\int_{\partial D_{n+1}}\frac{f(\zeta)(z-z')}{(\zeta-z)(\zeta-z')}d\zeta\right|$$
$$\leq K|z-z'|,\quad f\in\mathcal{F}$$

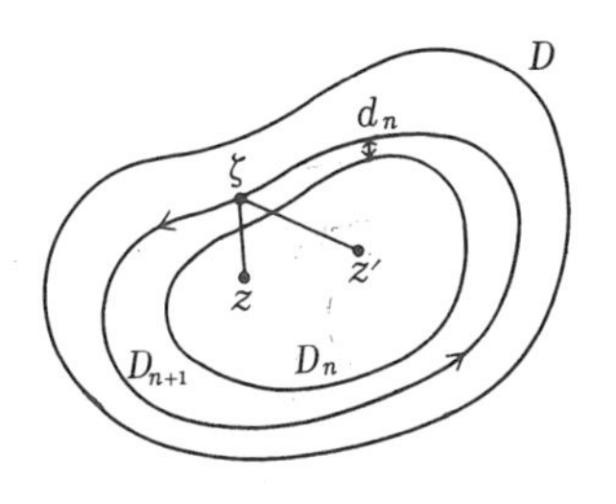

図12.1

但し $K = M_{n+1}L_{n+1}/(2\pi d_n^2)$，$d_n$ は ∂D_n と ∂D_{n+1} との(最短)距離，L_{n+1} は境界 ∂D_{n+1} の長さである．すなわち $\mathcal{F}$ は $\overline{D}_n$ でアルツェラの条件をみたし，従って同等連続である．よって定理 12.4 から $\mathcal{F}$ の可算部分列は $\overline{D}_n$ で一様収束する部分列を含む．

さて $\mathcal{F}$ の任意の可算部分列を $\mathcal{F}'$ とし，まず $\overline{D}_1$ で上の結果から $\overline{D}_1$ で一様収束する $\mathcal{F}'$ の部分列 $f_{11}(z), f_{12}(z), \cdots$ をえらぶ．次にその部分列から $\overline{D}_2$ で一様収束する部分列 $f_{21}(z), f_{22}(z), \cdots$ をえらぶ．順次この操作を続け，最後に対角列 $f_{11}(z), f_{22}(z), \cdots, f_{nn}(z), \cdots$ をとると，この列は D で広義一様収束する．実際，D の任意のコンパクト集合 K はある D_m に含まれ，$f_{mm}(z), f_{m+1m+1}(z), \cdots$ は $\overline{D}_m$ で一様収束する関数列の部分列であるから $\overline{D}_m \supset K$ で一様収束する．

次に正規族の定義を少し拡張する．$\mathcal{F} = \{f(z)\}$ が D 上の正則関数族とするとき，$\mathcal{F}$ に含まれる任意の可算列 $\{f_n(z)\}$ に対して，その適当な部分列をとれば D で広義一様に正則関数または恒等的 ∞ に（逆数が恒等的 0 に)収束するとき，$\mathcal{F}$ は D で**正規族**をなす，或いは**D で正規**であるという．次に，$\mathcal{F}$ が D の**点 a で正規**であるとは，a の適当な近傍 $U(\subset D)$ で f の U への制限 $f|_U$，$f \in \mathcal{F}$ の族が U で正規であることと定義される．次の同値性は容易に分る：

$$\mathcal{F} \text{ が } D \text{ で正規} \Longleftrightarrow \mathcal{F} \text{ が } D \text{ の各点で正規}$$

点 $b \in D$ のどんな小さい近傍においても $\mathcal{F}$ が正規でないとき，b を $\mathcal{F}$ の**不正規点**という．

定理 12.6（**モンテル**）　D 上の正則関数族 $\mathcal{F} = \{f(z)\}$ の各元 $f(z)$ が D で 2 つの有限な値 a，b (f に依存しない定数) をとらないとすれば，$\mathcal{F}$ は D で正規である．

注意　定理 12.5 とくらべ定理 12.6 の仮定はゆるめられているが正規族の定義も少し拡張した．上の定理の証明にはピカールの定理の証明に使う深い結果を用いる．

最後に，領域 D 上の正則関数族 $\mathcal{F} = \{f(z)\}$ の不正規点の集合を $\mathcal{F}$ の**ジュリア集合**という (Gaston Maurice Julia，1893-1978)．前に（第 3 章問題 5)，複素多項式 $f(z)$ のジュリア集合 $J(f)$ を，f のすべての反発

的周期点の集合の閉包と定義したが，f が多項式のとき f の反復合成 $f^k = f\circ f\circ\cdots\circ f$（$k$ 回）の族 $\mathcal{F}=\{f^k(z),\ k=0,1,2,\cdots\}$ のジュリア集合と $J(f)$ とは一致することが示される（参考文献 Falconer 参照）．そしてこの集合は一般にフラクタル集合である．

3．擬等角写像

正則関数より広い関数族に対して正則関数の理論はどのように拡張されるであろうか．これは自然に考えつく問題である．じっさい今世紀初期からそういった試みはなされてきたが実りは乏しいものであった．しかしその中で等角写像の拡張である擬等角写像論はようやく芽をふき次第に成長して近代関数論及び多くの関連分野に大きい影響を与えた．

3．1　古典的定義

1928年**グレェチェ**（Herbert Grötzsch，1902-）は正則関数を拡張した擬正則関数を定義し，ピカールの定理の拡張を示した．擬正則関数が単葉のときが擬等角写像である．まずこの擬正則（等角）の概念を略述する．簡単のため，$f(z)(=f(x,y))$ は領域 D 上の C^1 級の複素数値関数とする．f の複素微分 $f_z=\frac{1}{2}(f_x-if_y)$, $f_{\bar z}=\frac{1}{2}(f_x+if_y)$ を用いると，$f=u+iv$ のヤコビアンは

$$J_f(z)=\frac{\partial(u,v)}{\partial(x,y)}=|f_z|^2-|f_{\bar z}|^2,\ (z=x+iy)$$

と書ける．従って f が向きを保つ写像すなわち $J_f(z)>0$ ならば，$|f_z|>|f_{\bar z}|\geq 0$ であり

(12.4)　$$|\mu(z)|<1,\ ここに\ \mu(z)=f_{\bar z}(z)/f_z(z).$$

ところで f の展開 $f(z)=f(z_0)+(z-z_0)f_z(z_0)+(\bar z-\bar z_0)f_{\bar z}(z_0)+o(|z-z_0|)$ から，z_0 の近くでは高位の無限小を無視すると（簡単のため $z_0=f(z_0)=0$ とする）

$$w=f(z)=f_z(0)z+f_{\bar z}(0)\bar z.$$

簡単な計算からこの写像 f は，無限小円 $|z|=\rho$ を無限小楕円（長軸短軸の長さが夫々 $\rho(|f_z|+|f_{\bar z}|)$, $\rho(|f_z|-|f_{\bar z}|)$）にうつすことが分る．（$f(z)$ が正則なら

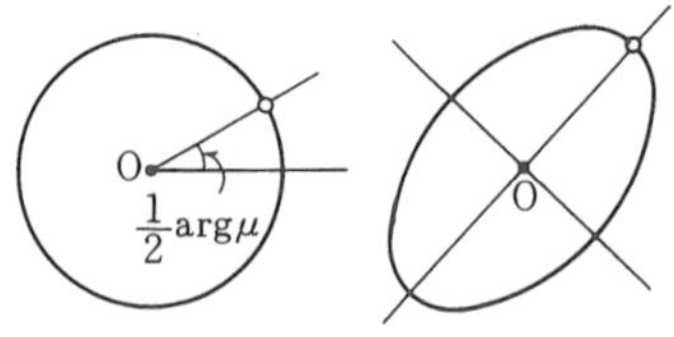

図12．2

$f_{\bar{z}}=0$ ゆえその楕円は円！）．そこで z_0 が領域 D を動くときその楕円が"つぶれない"すなわち長軸と短軸の長さの比が一様有界：

$$\frac{|f_z(z)|+|f_{\bar{z}}(z)|}{|f_z(z)|-|f_{\bar{z}}(z)|}\leq K \qquad (1\leq K<\infty),\ \ z\in D \tag{12.5}$$

であるとき，与えられた f は**擬正則**であるという．f がさらに単葉ならば ***K*-擬等角** (quasiconformal) といい，***K*-*qc*** とも書く．次の 2 つの条件は明らかに(12.5)と同値である：

$$(|f_z(z)|+|f_{\bar{z}}(z)|)^2\leq KJ_f(z) \tag{12.5$'$}$$

$$f_{\bar{z}}=\mu f_z,\ \ |\mu(z)|\leq k<1 \qquad \left(k=\frac{K-1}{K+1}\right) \tag{12.5$''$}$$

(12.5)$''$ は**ベルトラミ方程式**とよばれる．$K=1$ ($k=0$) のとき $\mu=0$ で，(12.5)$''$ はコーシー・リーマンの方程式になる．

例 1　$f(z)=ax+iby$　但し a, b は正数，$z=x+iy$．

$f_z=\dfrac{1}{2}(a+b)$, $f_{\bar{z}}=\dfrac{1}{2}(a-b)$ で，$J_f=ab>0$．$|\mu(z)|=|a-b|/(a+b)<1$．そして f は単葉ゆえ擬等角である．この写像を使えば，長方形を任意の長方形（例えば正方形）にうつし 4 頂点を対応させることができる．これは等角写像では不可能であった！

なお (12.5)$'$ からリウヴィル型定理「$\boldsymbol{C}$ を単位円板にうつす擬等角写像は存在しない」が示される．この性質から擬等角写像は1930年代に単連結リーマン面の型問題に応用された．

3.2　定義の拡張

擬等角写像が単に等角写像の拡張を追及するだけなら余り発展しなかったと思われるが，1940年**タイヒミュラー**(Oswald Teichmüller, 1913-1943) が本質的に新しく深いものを発見した．しかし彼の200ページに及ぶ大膽な理論を厳密なものにするのには，アールフォルスやベアス(Lipman Bers, 1914～)などの多くの研究が必要であった．そしてその過程で擬等角の定義も今日のものに定着してきた．それを述べよう．まず，

幾何学的定義　$f: D\to D'$ は向きを保つ同相写像 (homeomorphism) とし，D 内の任意の曲線 4 辺形 Q に対して

$$\mathrm{mod}\, f(Q)\leq K\ \mathrm{mod}\, Q \tag{12.6}$$

をみたす定数 K (≥ 1) が存在するとき，f は***K*-擬等角**であるといい，$\sup[\mathrm{mod}\, f(Q)/\mathrm{mod}\, Q,\ \overline{Q}\subset D]$ を f の**最大変形度** (maximal dilatation）という．mod Q は $Q=Q(z_1, z_2, z_3, z_4)$ のモジュラスであり（p. 127参照），mod $Q(z_2, z_3, z_4, z_1)=1/\text{mod}\, Q(z_1, z_2, z_3, z_4)$ ゆえ (12.6) は同時に $\frac{1}{K}\,\text{mod}\, Q \leq \text{mod}\, f(Q)$ を意味する．

さて次の性質が成り立つ：

(i)　f が K-qc ならば，逆写像 f^{-1} も K-qc である．

(ii)　$f_i\,(i=1,2)$ が K_i-qc ならば，合成 $f_2\circ f_1$ は K_1K_2-qc である．

(iii)　f が 1-qc ならば，f は等角写像である．

(i)(ii)は定義から明らか．(iii)の証明は技巧を要す（略）．

さらに定義から下記のような実解析的性質が導かれる（証明やルベーグ積分論の諸定義は略す）

1°　f が領域 D で擬等角ならば ***ACL***（absolutely continuous on lines の略）である．すなわち D に含まれる任意の長方形で，殆んどすべての x に対して $y\mapsto f(x, y)$ は絶対連続，また殆んどすべての y に対して $x\mapsto f(x, y)$ は絶対連続である．従って D で $a.e.$（殆んど至るところ）有限な偏微分 f_x，f_y が存在する．さらに f は $a.e.$ 全微分可能である．

2°　f が D で K-qc ならば

$$(|f_z(z)|+|f_{\bar{z}}(z)|)^2\leq KJ_f(z),\quad a.e. \tag{12.7}$$

或いは同値であるが，f はベルトラミ方程式をみたす：

$$f_{\bar{z}}(z)=\mu(z)f_z(z),\quad |\mu(z)|\leq\frac{K-1}{K+1}<1,\quad a.e. \tag{12.8}$$

3°　$J_f(z)$ は局所可積分，従って (12.7) より f_z，$f_{\bar{z}}$ は局所2乗可積分である．また，$J_f(z)>0$ $a.e.$ 従って $|f_z|>0$ $a.e.$

一般に関数 f が ACL で $f_z, f_{\bar{z}}$ が局所2乗可積分のとき，f は **L^2-偏微分**をもつという．擬等角の他の定義として，

解析的定義　$f：D\to D'$ は向きを保つ同相写像で L^2-偏微分をもち，ベルトラミ方程式

$$f_{\bar{z}}(z)=\mu(z)f_z(z),\quad |\mu(z)|\leq k<1\qquad a.e. \tag{12.9}$$

をみたすとき，f を ***K*-擬等角写像**という．但し $K=\dfrac{1-k}{1+k}$.

“幾何学的定義と解析的定義とは同値である”

既に前者が後者を意味することは述べた．ここで逆の証明をスケッチしよう

［証明］ $Q \subset D$ を4辺形とし，Q と $Q'=f(Q)$ を夫々長方形

$$\{(x,y)|0<x<M,\,0<y<1\},\ \{(u,v)|0<u<M',\,0<v<1\}$$

に等角写像する，$M=\mathrm{mod}\,Q$，$M'=\mathrm{mod}\,Q'$．最初からこの長方形を Q，Q' としてよい．(12.9) と同値な (12.7) から

$$\iint_Q |f_x|^2 dxdy \leq \iint_Q (|f_z|+|f_{\bar{z}}|)^2 dxdy$$

$$\leq K\iint_Q J_f(z)dxdy$$

ところで一般に $\iint_e J_f(z)dxdy \leq m(f(e))$ (f が同相なら等号) ゆえ $K\iint_Q J_f(z)dxdy \leq Km(f(Q))=KM'$．一方フビニの定理とシュヴァルツの不等式により

$$\iint_Q |f_x|^2 dxdy = \int_0^1\left(\int_0^M |f_x|^2 dx\right)dy$$

$$\geq \frac{1}{M}\int_0^1\left(\int_0^M |f_x|dx\right)^2 dy$$

また殆んどすべての y $(0<y<1)$ に対して

$$\int_0^M |f_x|dx \geq \left|\int_0^M f_x dx\right| = |f(M+iy)-f(iy)| \geq M'$$

よって $M'^2/M \leq KM'$　$\therefore M' \leq KM$！

注意　解析的定義で $f_z, f_{\bar{z}}$ を超関数の意味の偏微分としても同値な定義になることが示される．

3.3　基本定理

基本定理（存在と一意性）　$\mu(z)$ は $\boldsymbol{C}$ 上の可測関数で $|\mu(z)| \leq k < 1$ $a.e.$ とすれば，ベルトラミ方程式 $f_{\bar{z}}=\mu f_z$ $a.e.$ をみたす $\boldsymbol{C}$ から $\boldsymbol{C}$ への擬等角写像 f が存在する．さらに3点(例えば0，1，∞)を不変にするものが唯一つ定まる．

歴史的には，μ が十分滑らかなとき，局所的に同相な解の存在はガウスによる．不連続性も許容する可測な μ に対して方程式が解けることを示したのは C. B. Morrey (1938) である．基本定理の証明には，偏微分方程式の近代理論を駆使する方法や，一般化されたリーマンの写像定理を使う方法が知られている．ここでは一意性についてのみ注意しよう．

$f_i: D \to D'$ $(i=1,2)$ をベルトラミ係数 μ_i をもつ擬等角写像とすれば，$f_1 \circ f_2^{-1}$ のベルトラミ係数は

$$\mu_{f_1\circ f_2^{-1}} = \left[\frac{\mu_1-\mu_2}{1-\overline{\mu}_2\mu_1}\frac{(f_2)_z}{\overline{(f_2)_z}}\right]\circ f_2^{-1} \tag{12.10}$$

従って $\mu_1=\mu_2$ ならば $\mu_{f_1\circ f_2^{-1}}=0$ $a.e.$ これより $f_1\circ f_2^{-1}$ は等角写像であることが示される．ゆえに $D=D'=\widehat{\boldsymbol{C}}$ ならば $f_1\circ f_2^{-1}$ は一次変換であり，それ

が3点を固定するならば恒等変換で $f_1 \equiv f_2$ となる．

系　上半平面 H 上に与えられた μ をベルトラミ係数にもつ擬等角写像 $w: H \to H$ が存在する．w は $H \cup$(実軸 $\boldsymbol{R}$) で自己同相であり，3点 0，1，∞ を固定するものが唯一つ定まる．

実際，下半平面で $\mu(z) = \overline{\mu(\overline{z})}$，$\boldsymbol{R}$ で $\mu(z)=0$ と，μ の定義を拡張して基本定理の f をうる．一意性から $f(z) = \overline{f(\overline{z})}$ となり $f(\boldsymbol{R}) = \boldsymbol{R}$．また f は向きを保つから $f(H)=H$．よって f の $H \cup \boldsymbol{R}$ への制限を w とすればよい．

3.4　リーマン面の擬等角写像

2つのリーマン面 $S_i\,(i=1,2)$ 間の同相写像 f が K-擬等角であるとは，f で対応する S_i の点の局所変数 φ_i を用いて $\varphi_2 \circ f \circ \varphi_1^{-1}$ が平面上の K-擬等角のこととする．或いは f を S_i の普遍被覆面(共に $\hat{\boldsymbol{C}}$ か $\boldsymbol{C}$ 或いは単位円板のどれかとしてよい)間の写像 $\tilde{f}$ に持上げ，$\tilde{f}$ の擬等角で定義する．

さてリーマン面 R を固定し，擬等角写像 $f: R \to S$ に対して組 (S, f) を考える．2つの組 (S_i, f_i) に対して $f_2 \circ f_1^{-1}$ が S_1 から S_2 への等角写像にホモトープのとき，その組は同値とし，このような同値類全体を R の**タイヒミュラー空間**といい $T(R)$ と書く．$T(R)$ に複素構造を導入できるというのがタイヒミュラー空間論の中心的定理である．この研究から派生した新しい結果や問題或いは応用は多く，今日の複素解析とその周辺から素粒子物理の超ひも理論にも拡がりつつある．

(参考文献)

A. F. Beardon: Iteration of rational functions —Complex analytic dynamical systems— Graduate Texts in Math. 132 Springer Verlag, 1991.

K. Falconer：Fractal geometry. John Wiley & Sons, 1990

O. Lehto・K. I. Virtanen：*Quasiconformal mappings in the plane*, Springer Verlag, 1973

今吉洋一・谷口雅彦：タイヒミュラー空間論，日本評論社，1989

問　題

1．零点をもたない整関数 $f(z)$ は $e^{g(z)}$（g は整関数）という形に書ける．

2．$\{a_n\}$ は領域 D 上の点列で D 内に集積点をもたないとする．$\{c_n\}$ を与えられた複素数列とするとき，D で正則な関数 f で $f(a_n)=c_n\ (n=1,2,\cdots)$ を満たすものが存在する（**補間法** interpolation）

3 *．$\{a_n\}$ は単位円板 $\varDelta$ 上の点列で $\sum_{n=1}^{\infty}(1-|a_n|)<\infty$ ならば

$$B(z)=z^k\prod_{a_n\neq 0}\frac{\overline{a}_n}{|a_n|}\frac{a_n-z}{1-\overline{a}_n z}\qquad (k \text{ は整数 } \geqq 0)$$

は $\varDelta$ 上で正則で $\{a_n\}$ を丁度その零点にもち，かつ $|B(z)|<1,\ z\in\varDelta$.（$B(z)$ を**ブラシュケ積**という）

4．$f(z)$ は $D=\{0<|z|<R\}$ で正則とし，$f_n(z)=f\left(\dfrac{z}{n}\right)$ $(n=1,2,\cdots)$ とおく．もし $\{f_n(z)\}$ が（拡張された）正規族ならば，$z=0$ はf の除去可能な特異点か極である．

5．μ は上半平面 H 上の可測関数で $|\mu(z)|\leqq k<1$ $a.e.$ とする．このとき

(i) H で方程式 $f_{\bar{z}}=\mu f_z$ をみたし，下半平面 $\boldsymbol{H}$ では等角写像でかつ３点０，１，∞ を固定する擬等角写像 w_μ：$\widehat{\boldsymbol{C}}\to\widehat{\boldsymbol{C}}$ が一意的に存在する．

(ii) 本文３．３の系の擬等角写像を w^μ とするとき，

$$\text{実軸 } \boldsymbol{R} \text{ 上で } w^\mu=w^\nu \Longleftrightarrow \boldsymbol{H} \text{ で } w_\mu=w_\nu$$

付　　録

1．上限・上極限

実数の集合 $E(\neq \phi)$ を考える（ϕ は空集合を示す）．E のすべての元 x に対して $x \leq M$ をみたす実数 M が存在するとき，E は**上に有界**であるといい，M を E の**上界**という．M が E の上界ならば $M'(>M)$ もそうである．

さて E は上に有界であるとし，E の上界全体を S とするとき，S の中に最小なものが存在する[実際，S に属さない実数全体を S' とすると，(S', S) はいわゆる実数の「切断」をなすので，S' に最大数があるか，そうでなければ S に最小数がある．いま S' に最大数 x' があるとすれば，$x' \notin S$ ゆえ上界の定義から $x'<x$ なる $x \in E$ がある．$x'<x''<x$ である実数 x'' をとると，$x''<x$, $x \in E$ ゆえ x'' は E の上界ではない．よって $x'' \in S'$．これは x' が S' の最大数であることに反する]．この最小上界を E の**上限**（supremum）といい

$$\sup E \quad \text{又は} \quad \sup\{x | x \in E\}$$

とかく．E が上に有界でないとき $\sup E = +\infty$ とする．上記の不等号を反対にして，E が下に有界，下界及び下限が定義される．**下限**（infimum）は最大下界であり

$$\inf E \quad \text{又は} \quad \inf\{x | x \in E\}$$

と書かれる．

注意　E の上限や下限は E に属するとは限らない．例えば，$E=\{x | 0 \leq x < 1,\ x:$ 実数$\}$ の下限 $0 \in E$，上限 $1 \notin E$．

次に実数列 $\{a_n\}_{n=1}^{\infty}$ の上(下)極限を定義する．$\{a_n\}$ は有界とし

$$m_n = \inf\{a_k | k \geq n\}, \quad M_n = \sup\{a_k | k \geq n\}$$

とおくと，$m_n \leq m_{n+1} \leq M_{n+1} \leq M_n$, $n=1, 2, \cdots$．よって数列 $\{M_n\}$, $\{m_n\}$ は収束する．その極限値 M, $m(\leq M)$ をそれぞれ $\{a_n\}$ の**上極限**又は**下極限**といい

$$M = \overline{\lim_{n\to\infty}}\, a_n, \quad m = \underline{\lim_{n\to\infty}}\, a_n$$

と記す．$M=m$ のときに限って $\{a_n\}$ は収束し $\lim_{n\to\infty} a_n = M = m$．$\{a_n\}$ が上（又は下）に有界でないとき $\overline{\lim}\, a_n = +\infty$（又は $\underline{\lim}\, a_n = -\infty$）とする．

例　$a_n=(-1)^n+1/n(n=1,\ 2,\ \cdots)$ ならば

$$\overline{\lim}\, a_n=1,\ \ \underline{\lim}\, a_n=-1$$

である．

ちなみに，集積点(次節)の概念を使うと，$E=\{a_n\}$ が無限集合のときその集積点の集合の上(下)限が E の上(下)極限である．とくに E が有界ならば E の最大(小)集積点が E の上(下)極限といえる．

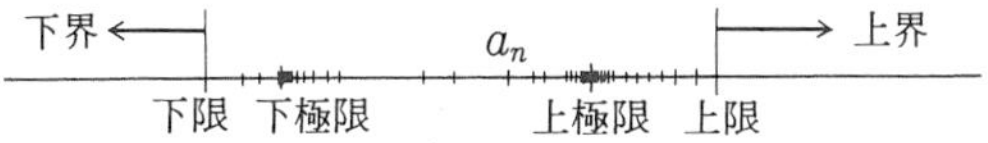

下界　a_n　上界
下限　下極限　上極限　上限

コーシー・アダマールの公式 (3.3) の証明：べき級数 $\sum a_n z^n$ の収束半径 R は

$$R=1/\overline{\lim_{n\to\infty}}\sqrt[n]{|a_n|}$$

で与えられる．右辺の分母が 0 或いは ∞ のときも (3.3) は $\infty=1/0$, $0=1/\infty$ として成立する．

証明のために z を固定し $\rho=\overline{\lim}\sqrt[n]{|a_n z^n|}=|z|\,\overline{\lim}\sqrt[n]{|a_n|}$ とおく．$\rho<1$ すなわち $|z|<1/\overline{\lim}\sqrt[n]{|a_n|}(\leq\infty)$ ならば $\rho+\varepsilon<1$ なる $\varepsilon>0$ に対して $\sqrt[n]{|a_n z^n|}<\rho+\varepsilon$ $(n>N)$ ゆえ，$\sum_{n>N}|a_n z^n|<\sum(\rho+\varepsilon)^n<\infty$，すなわち $\sum a_n z^n$ は(絶対)収束する．次に $\rho>1$ すなわち $|z|>1/\overline{\lim}\sqrt[n]{|a_n|}(\geq 0)$ ならば，$|a_n z^n|>1$ なる n が無数にあるから $\sum a_n z^n$ は発散する．よって $R=1/\overline{\lim}\sqrt[n]{|a_n|}$．

問 1　$c_n>0$ ならば

$$\underline{\lim}\frac{c_{n+1}}{c_n}\leq\underline{\lim}\sqrt[n]{c_n}\leq\overline{\lim}\sqrt[n]{c_n}\leq\overline{\lim}\frac{c_{n+1}}{c_n}$$

上の結果から，$\sum a_n z^n$ に対して $\lim|a_{n+1}/a_n|(\leq\infty)$ が存在すればその収束半径 $R=\lim|a_n/a_{n+1}|$ である．他の応用例として，例えば $\{c_n\}$, $c_n=n^n/n!$ を考えると

$$\frac{c_{n+1}}{c_n}=\left(1+\frac{1}{n}\right)^n\to e\quad(n\to\infty)$$

であるから $\displaystyle\lim_{n\to\infty}\frac{n}{\sqrt[n]{n!}}=e$．

2．平面上の集合

複素平面 $\boldsymbol{C}$ 上の集合 $E(\neq\phi)$ を考える．点 a を中心とし半径 r の（開）円板 $\{z||z-a|<r\}$ を a の r－**近傍**又は単に近傍という．点 $a\in E$ のある近傍が E の点ばかりからなるとき a を E の**内点**という．内点ばかりからなる集合を**開集合**という．開円板は開集合である．

次に，点 a のどんな近傍にも E の点が無数に含まれているとき a を E の**集積点**という．集積点は E に属するとは限らない．E の集積点をすべて E に付加した集合を E の**閉包**（closure）といい，$\bar{E}$ と記す．$\bar{E}=E$ のとき E を**閉集合**という．例えば，閉線分 $[0,\ 1]=\{x|0\leq x\leq 1\}$，閉円板 $\{z||z-a|\leq r\}$ はともに閉集合である．

E に属さない $\boldsymbol{C}$ の点全体を E の**補集合**といい，E^C 又は $\boldsymbol{C}-E$ と記す．定義から

$$E \text{ が閉集合} \Longleftrightarrow E^C \text{ が開集合}$$

（なぜか）．E がある一つの円板に含まれるとき**有界**という．例えば，上半平面 $\{z|\mathrm{Im}\, z>0\}$ は有界ではない．さて有界な閉集合には次の著しい性質がある：

定理（ハイネ・ボレル）　開集合の族 $\{O_\alpha\}$ が E を覆う，すなわち $\bigcup_\alpha O_\alpha \supset E$ とする．もし E が有界閉集合ならば，E は $\{O_\alpha\}$ のうちの有限個ですでに覆われている．

（証明略）

上の $\{O_\alpha\}$ を E の**開被覆**という．勿論これが有限個でない場合が問題である．さて，E が上の定理の結論の性質をもつ，すなわち集合 E の任意の開被覆があればそのうちの有限個がすでに E を覆っているとき，E は**コンパクト**であるという．上の定理は，有界閉集合がコンパクトであることを述べているが，平面上の集合ではこの逆も成り立つ．すなわち $E\subset\boldsymbol{C}$ に対しては

$$E \text{ が有界閉集合} \Longleftrightarrow E \text{ がコンパクト}$$

である．コンパクト性の使い方の練習として十分条件⇐を示そう．E の各点 a に 1－近傍 $O_a=\{z||z-a|<1\}$ を対応させると $\{O_a\}_{a\in E}$ は E の開被覆である．E はコンパクトゆえそのうちの有限個で E は覆われる，よって E が有界であることが分る．次に E^C が開集合であることを示せば

よい．各点 $\alpha\in E^C$ に対して E の開被覆 $\{O_a\}_{a\in E}$，但し O_a は a の $r_a=\frac{1}{2}|a-\alpha|$ 近傍，を考えると E はコンパクトゆえ $E\subset O_{a_1}\cup O_{a_2}\cup\cdots\cup O_{a_N}$，$a_1$，…，$a_N$ は E のある点．従って $\min(r_{a_1},\ \cdots,\ r_{a_N})\geq r>0$ なる r をとると α の r 近傍は E の点を含まない．すなわち α は E^C の内点である，よって E^C は開集合である．

$\boldsymbol{C}$ 上で共通部分をもたない集合 E, F $(E\cap F=\phi)$ の間の（**最短**）**距離**は

$$d(E,F)=\inf\{|x-y|\,|\,x\in E,\ y\in F\}$$

で定義される．

'E が閉集合，F がコンパクト集合で $E\cap F=\phi$ ならば $d(E,F)>0$' である．実際，$F\subset E^c$（開集合）ゆえ F の各点 a のある r_a 近傍は E^C に含まれる．a の $\frac{1}{2}r_a$ 近傍を O_a とすると F のコンパクト性から有限個の O_{a_1}，…，O_{a_N} が F を覆う．任意の点 $y\in F$ はある O_{a_j} に含まれるから $|y-a_j|<\frac{1}{2}r_{a_j}$，そして $|a_j-x|>r_{a_j}$，$x\in E$ ゆえ $|x-y|>\frac{1}{2}r_{a_j}$．従って $d(E,F)\geq\frac{1}{2}\min(r_{a_1},\cdots,r_{a_N})>0$．

F が単に閉集合ならば上の結果は必ずしも成立しない．例えば，ある曲線とその漸近線を考えよ．

問 2　$E(\neq\phi)$ は閉集合で $p\notin E$ ならば，$d(p,E)=|p-q|(>0)$ となる $q\in E$ が存在する．

次に開集合 $D\subset\boldsymbol{C}$ の連結性について記す．D の任意の 2 点がつねに D 内の（連続）曲線で結ばれるとき，D は**弧状連結**であるという．このとき次の同値な定義があり，しばしば利用される：

定理　$D\subset\boldsymbol{C}$ が開集合ならば次の二命題は同値である：

(i)　D は弧状連結である

(ii)　D を二つの共通点をもたない開集合$(\neq\phi)$に分けることはできない．記号的に書くと，D_1，D_2 は開集合で $D=D_1\cup D_2$，$D_1\cap D_2=\phi$ $\Rightarrow D_1$ 又は D_2 は ϕ．

［証明］　(i)⇒(ii)　D_1 及び $D_2\neq\phi$ として矛盾を導く．各 D_i に点 a_i をとると，D 内の曲線 C：$z=z(t)$，$0\leq t\leq 1$，$z(0)=a_1$，$z(1)=a_2$ が存在

する．$t_0=\sup\{t|z(t)\in D_1\}$ とおくと，a_i は D_i の内点ゆえ $0<t_0<1$．さて $0<t_0-\varepsilon<t_0+\varepsilon<1$ なる任意の $\varepsilon>0$ に対して $\{z(t)||t-t_0|<\varepsilon\}$ は D_1 及び D_2 の点を含むことが分る．よって $z(t_0)\in D$ は開集合 D_1 にも D_2 にも属さない．これは $D=D_1\cup D_2$ に反する．

(ii)⇒(i)　D の 2 点 a_1，a_2 が D 内の曲線で結ばれないと仮定する．a_1 と D 内の曲線で結ばれる点全体を D_1 とし，$D_2=D-D_1$ とすると $D_1, D_2\neq\phi$．さて任意の点 $a\in D_1$ の近傍 $U(\subset D)$ の各点は中心 a と半径で結ばれるから，結局 Uの点は a_1 と D 内の曲線で結ばれる．従って $U\subset D_1$，すなわち D_1 は開集合である．同様に D_2 も開集合であることが分る．よって(ii)より D_1 か D_2 は ϕ．これは矛盾である．

連結な開集合 $D(\subset \boldsymbol{C})$ を**領域**という．集合 $E(\subset \boldsymbol{C})$ に対して点 b のどんな近傍の中にも E の点と E^c の点が含まれるとき，b を E の**境界点**という．b は E に属するとは限らない．E の境界点全体を E の**境界**という．境界は閉集合である．なお領域 D の境界を ∂D と書くこともある．

3．コーシーの積分定理

正則関数 $f(z)$ の導関数 $f'(z)$ の連続性を仮定しないコーシーの積分定理のスタンダードな証明を付記する．簡単な場合から段階にわけて証明する．

1°　C が領域 D に含まれる三角形 $\Delta(\subset D)$ の周：$C=\partial\Delta$ のとき，$\int_C f(z)dz=0$.

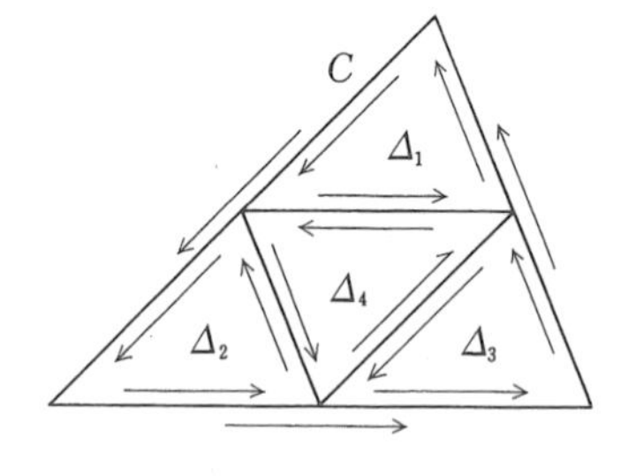

まず Δ の各辺の中点を互いに結んで Δ を合同な 4 つの三角形 $\Delta_i(i=1, 2, 3, 4)$ に分け $\Gamma_i=\partial\Delta_i$ とする．C の向きは Δ に関して正の方向とし，各 Γ_i に Δ_i に関して正の方向を与えると二つの三角形の共通辺には互いに反対の方向が与えられる．従って共通辺上の積分は消しあって

$$\int_C f(z)dz=\sum_{i=1}^{4}\int_{\Gamma_i} f(z)dz$$

ゆえに $\left|\int_C f(z)dz\right|\leq\sum_{i=1}^{4}\left|\int_{\Gamma_i} f(z)dz\right|$，従って少くとも一つの Γ_i（$\Gamma_{(1)}$ と書

く）に対して，$\left|\int_{\Gamma_{(1)}} f(z)dz\right| \geq \frac{1}{4}\left|\int_C f(z)dz\right|$，すなわち

$$\left|\int_C f(z)dz\right| \leq 4\left|\int_{\Gamma_{(1)}} f(z)dz\right|$$

次に $\Gamma_{(1)}$ を周にもつ三角形（$\varDelta_{(1)}$ と書く）を合同な 4 つの三角形に分けると，上と同様にしてその中の一つの三角形 $\varDelta_{(2)}$ の周 $\Gamma_{(2)}$ に対して

$$\left|\int_C f(z)dz\right| \leq 4\left|\int_{\Gamma_{(1)}} f(z)dz\right| \leq 4^2\left|\int_{\Gamma_{(2)}} f(z)dz\right|$$

このようにして，大きさが $\frac{1}{4}$ ずつ小さくなる三角形の列 $\varDelta \supset \varDelta_{(1)} \supset \varDelta_{(2)} \supset \cdots$ がとれ，$\Gamma_{(n)} = \partial\varDelta_{(n)}$ に対して

$$\left|\int_C f(z)dz\right| \leq 4^n\left|\int_{\Gamma_{(n)}} f(z)dz\right|$$

$\varDelta_{(n)}$ は $n\to\infty$ のとき $\varDelta$ の一点 z_0 に収縮する．ところで $f(z)$ は D で正則，従って $z_0 \in D$ で微分可能ゆえ，任意の $\varepsilon>0$ に対してある $\delta>0$ をとれば

$$f(z) = f(z_0) + (z-z_0)f'(z_0) + (z-z_0)\eta(z)$$
$$|\eta(z)| < \varepsilon,\quad |z-z_0| < \delta$$

そして N が十分大ならば $\varDelta_{(n)} \subset \{z \,|\, |z-z_0| < \delta\}\ (n>N)$ ゆえ

$$\int_{\Gamma_{(n)}} f(z)dz = f(z_0)\int_{\Gamma_{(n)}} dz + f'(z_0)\int_{\Gamma_{(n)}} (z-z_0)dz + \int_{\Gamma_{(n)}} (z-z_0)\eta(z)dz$$

右辺の最初の二つの積分は 0 であり（例 1，p. 51），$z \in \Gamma_{(n)}$ ならば $|z-z_0| < L_n$（L_n は $\Gamma_{(n)}$ の長さ）であるから

$$\left|\int_{\Gamma_{(n)}} f(z)dz\right| \leq \int_{\Gamma_{(n)}} |z-z_0||\eta(z)||dz| < \varepsilon L_n^2$$

C の長さを L とすると $L_n = L/2^n$ であるから

$$\left|\int_C f(z)dz\right| \leq 4^n\left|\int_{\Gamma_{(n)}} f(z)dz\right| < \varepsilon L^2$$

ε は任意ゆえ $\int_C f(z)dz = 0$ が示された．

2°　Cが多角形 P の周の場合

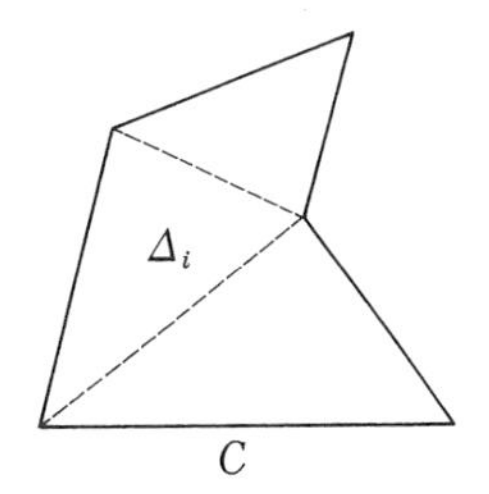

P の頂点を結び P に含まれる線分によって P を有限個の三角形 $\{\varDelta_i\}$ に分ける．各 $\partial\varDelta_i$ には $\varDelta_i$ に関して正の方向を与えると，1° により

$$\int_C f(z)dz = \sum_i \int_{\partial\varDelta_i} f(z)dz = 0$$

3°　C が長さ有限な単一閉曲線の場合

まず準備として次の補題を示す：

補題　$f(z)$ は領域 D で連続，$C\subset D$ は長さ有限な曲線とすれば，任意の $\varepsilon>0$ に対して C と同じ始点と終点をもち，かつ C に任意に近い折線 $\Gamma\subset D$ が存在し

$$\left|\int_C f(z)dz-\int_\Gamma f(z)dz\right|<\varepsilon$$

但し Γ が C に任意に近いとは，任意の $\eta>0$ に対して Γ が C の η-近傍（すなわち C からの距離が $<\eta$ なる点の集合）に含まれるようにできることである．

［証明］　$2\eta<d(C,\partial D)$ とする．C の η-近傍の閉包を E とすれば $E(\subset D)$ は有界閉集合であるから $f(z)$ は E で一様連続である．よって $\varepsilon>0$ に対してある $\delta'>0$ が存在し

$$|f(z)-f(z')|<\varepsilon/2L,\quad |z-z'|<\delta'$$

但し L は C の長さである．さて積分の定義から上の ε に対し十分細かい C の分割：$|z_i-z_{i-1}|<\delta(<\min(\delta',\eta))$ をとると

$$\left|\int_C f(z)dz-\sum_{i=1}^n f(z_i)(z_i-z_{i-1})\right|<\frac{\varepsilon}{2}$$

そこで C の分点 $z_0,\ z_1,\ \cdots,\ z_n$ を順次線分で結んでえられる折線を Γ とすると，Γ は C と同じ始点，終点をもち，かつ各線分 $\gamma_i=\overline{z_{i-1}z_i}$ の任意の点 τ は $|\tau-z_{i-1}|<\delta<\eta$ ゆえ $\tau\in E$，よって $\Gamma\subset E$．$z_i-z_{i-1}=\int_{\gamma_i}dz$ ゆえ

$$\left|\int_\Gamma f(z)dz-\sum_{i=1}^n f(z_i)(z_i-z_{i-1})\right|=\left|\sum_{i=1}^n\int_{\gamma_i}(f(z)-f(z_i))dz\right|\leq\frac{\varepsilon}{2L}\cdot L=\frac{\varepsilon}{2}$$

従って $\left|\int_C f(z)dz-\int_\Gamma f(z)dz\right|<\frac{\varepsilon}{2}+\frac{\varepsilon}{2}=\varepsilon$

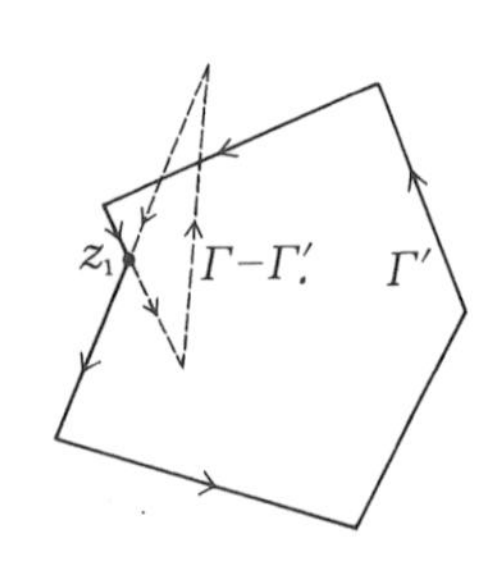

さて 3° の場合にもどる．任意の ε に対して補題の閉折線 $\Gamma\subset D$ をとる．このとき

$$(*)\qquad\int_\Gamma f(z)dz=0$$

を示そう．もし Γ が単一曲線ならば Γ は一つの多角形の周であり，かつ Γ は C に任意に近くとれるから Γ 及び Γ の内部は D に含まれ，従って 2° により（$*$）が成立する．次に Γ が単一曲線でな

いときは，Γ を有限個の単一閉折線の和に分解する．例えば，Γ が k 個の自分自身と交わる点（但し一致する始点と終点は除く）をもつとき，その中の一点 z_1 から Γ の方向に沿って進み，再び z_1 にもどるまでの Γ の部分折線を Γ' とする．Γ は2つの閉折線 Γ' と $\Gamma-\Gamma'$ の和に分解され，それぞれは Γ から導かれた方向をもつ．また，それらに含まれる自分自身と交わる点の総数は $k-1$ 以下である．従ってこのような操作を続け Γ を有限個の単一閉折線の和 $\Gamma=\sum \Gamma_j$ に分解できる．ところで Γ は C に任意に近くとれるから，各 Γ_j の内部はやはり D に含まれる．従って2°により $\int_\Gamma f(z)dz=\sum_j \int_{\Gamma_j} f(z)dz=0$.

さて補題と(＊)により $\left|\int_C f(z)dz\right|<\varepsilon$. ε は任意ゆえ $\int_C f(z)dz=0$ が示された．

コーシーの積分定理及び積分公式の一応用として，ポアッソンの積分公式（定理 9.2）の証明の要点を記す．

$f(z)$ が Δ：$|z|\leq R$ で正則ならば，コーシーの積分公式によって $z=re^{i\theta}(r<R)$ に対して

$$f(z)=\frac{1}{2\pi i}\int_{\partial\Delta}\frac{f(\zeta)}{\zeta-z}d\zeta=\frac{1}{2\pi}\int_0^{2\pi}f(Re^{i\varphi})\frac{R}{R-re^{-i(\varphi-\theta)}}d\varphi$$

z^* を z の円 $|z|=R$ に関する鏡像点とすると $z^*=R^2/\bar{z}=R^2e^{i\theta}/r$ は Δ の外部にある．従って $f(\zeta)/(\zeta-z^*)$ は ζ の関数として Δ で正則，よって

$$0=\frac{1}{2\pi i}\int_{\partial\Delta}\frac{f(\zeta)}{\zeta-z^*}d\zeta=\frac{1}{2\pi}\int_0^{2\pi}f(Re^{i\varphi})\frac{-re^{i(\varphi-\theta)}}{R-re^{i(\varphi-\theta)}}d\varphi$$

上の2式を辺々引くと簡単な計算で

$$(**)\qquad f(z)=\frac{1}{2\pi}\int_0^{2\pi}f(Re^{i\varphi})\frac{R^2-r^2}{R^2-2Rr\cos(\varphi-\theta)+r^2}d\varphi$$

をうる．さて，$u(z)$ が Δ で調和関数ならば(9.1)により $u(z)$ を実部にもつ Δ で正則関係 $f(z)$ が存在する．そして(＊＊)が成立するからその両辺の実部をとれば

$$u(z)=u(re^{i\theta})=\frac{1}{2\pi}\int_0^{2\pi}u(Re^{i\varphi})\frac{R^2-r^2}{R^2-2Rr\cos(\varphi-\theta)+r^2}d\varphi$$

をうる．なお定理 9.2 のように $u(z)$ が $|z|<R$ で調和，$|z|\leq R$ で連続の場合は，$|z|\leq R'(<R)$ で上のような積分表示し，$R'\to R$ とすることによって示される．

コーシーの積分定理（従って積分公式）の拡張はいろいろあるが応用上便利なものとして次の定理をあげておく：

定理　長さ有限な単一閉曲線 C で囲まれた領域 D において $f(z)$ は正則で，$\bar{D}$ で $f(z)$ が連続ならば $\int_C f(z)dz=0$ である．

4．ポアンカレ計量

ユークリッド幾何学における平行線公準「与えられた直線上にない一点を通り，その直線に平行な，すなわち交わらない直線がただ一本存在する」だけをかえ，他の公準や公理を保存して全く矛盾なく構成された幾何学を**非ユークリッド幾何学**という．このような幾何学は，**ロバチェフスキ**（Lobachevsky, N.I., 1793-1856）と**ボヨイ**（Bolyai, J., 1802-1860）によって夫々独立に建設された．彼等は，一点を通り与えられた直線に平行な直線を2本（以上）引くことができるという公理のもとに非ユークリッド幾何学（双曲幾何学）を構成した．幾何学のコペルニクス的転向である！

この見慣れない幾何学の「眼に見えるモデル」としてクラインは次のようなものを考えた．一つの円板 Δ の内部だけを一つの世界とみて Δ の外部は考えない．そして Δ の直線とはその円の弦とすると，直線 l 上にない一点 P を通り l に平行な，すなわち Δ 内で l と交わらない直線は無数にある．クラインは Δ に距離も定義しているがここでは略し，次のポアンカレによるモデルについて詳しく述べる．これは深い性質を含んでおり今日も広く利用されている．

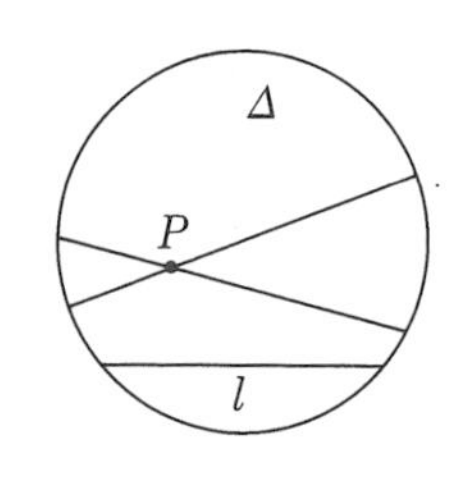

モデルは同じく円板で，$\Delta=\{z||z|<1\}$ とする．ポアンカレの（非ユークリッド）直線とは単位円 $C:|z|=1$ に直交する円弧とする．この場合も点 P を通り直線 l に平行な直線が無数にある．次に Δ 上の距離を定義するために，線素

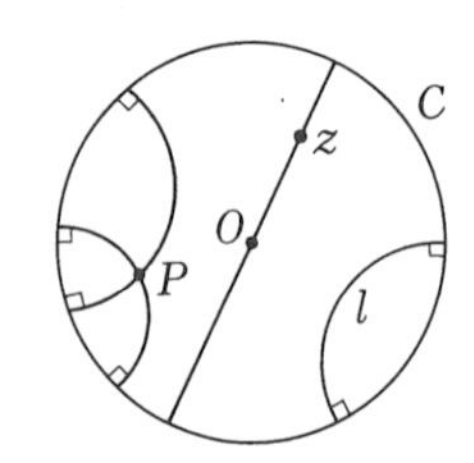

$$ds=\frac{|dz|}{1-|z|^2},\quad z\in\Delta$$

を考える．これを**ポアンカレ計量**という．$\varDelta$ の中心 O を通る直線は普通の意味の直径であることに注意すると，O から点 $z\in\varDelta$ までの ds で測った（直線）距離は

$$\int_0^{|z|}\frac{dr}{1-r^2}=\frac{1}{2}\log\frac{1+|z|}{1-|z|}$$

従って z が境界 C に近づくと距離は限りなく大になる，すなわち C は無限に遠い．さてポアンカレ計量は $\varDelta$ を $\varDelta$ に写す一次変換（例 1，p. 42）

$$w=T(z)=\gamma\frac{z-a}{1-\bar{a}z},\quad a\in\varDelta,\quad |\gamma|=1$$

に対して不変である．実際，$|1-\bar{a}z|^2-|z-a|^2=(1-|z|^2)(1-|a|^2)$ により容易に

$$\lambda(T(z))|T'(z)|=\lambda(z),\quad \text{但し}\ \lambda(z)=(1-|z|^2)^{-1}$$

或いは

$$\text{(A.1)}\qquad \frac{|dw|}{1-|w|^2}=\frac{|dz|}{1-|z|^2}$$

が分る．$\varDelta$ 内の 2 点 z_1，z_2 に対して，z_1，z_2 を結ぶ曲線の中で ds で測って最も短いもの，すなわち測地線を求めてみる．そのために z_1 を原点に写す $\varDelta$ の一次変換 $w=e^{i\alpha}(z-z_1)/(1-\bar{z}_1z)$ を考え，α を適当にとれば $w_2=w(z_2)$ は実軸上にあるとしてよい．z_1 と z_2 を結ぶ任意の曲線 γ の像 $\varGamma=w(\gamma)$ は O と w_2 を結ぶ曲線 $w=r(t)e^{i\varphi(t)}$ である．$|dw|=\sqrt{(dr)^2+r^2(d\varphi)^2}\geq dr$ ゆえ

$$\int_\varGamma ds=\int_\varGamma\frac{|dw|}{1-|w|^2}\geq\int_0^{|w_2|}\frac{dr}{1-r^2}$$

等号は $\varGamma$ が線分 $\overline{Ow_2}$ に一致するときに限る．従って z_1 と z_2 を結ぶ測地線は非ユークリッド直線である（一次変換は円を円に写す等角写像であることに注意）．そして z_1，z_2 間の（非ユークリッド）距離 $\rho(z_1, z_2)$ は

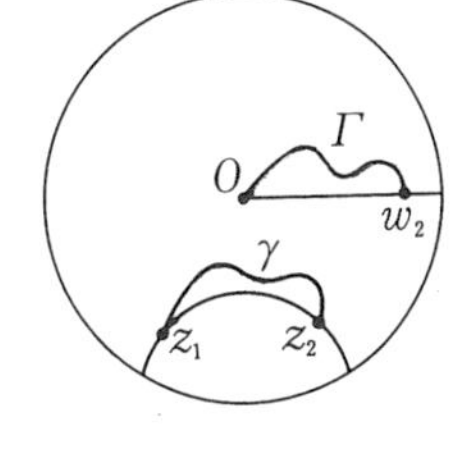

$$\text{(A.2)}\qquad \rho(z_1, z_2)=\frac{1}{2}\log\frac{1+s}{1-s},\quad s=\left|\frac{z_2-z_1}{1-\bar{z}_1z_2}\right|$$

なお，ポアンカレ計量で測った非ユークリッド直線で囲まれた三角形 ABC の面積は

$$\iint_{\varDelta ABC}\lambda^2(z)dxdy=\pi-(A+B+C)$$

となる．左辺は正ゆえ，$A+B+C<\pi$ すなわち三角形の内角の総和は2直角より小となる．

最後に，ポアンカレ計量に関連した二三の注意を付記する．

(i)　$w=f(z)$ が $\varDelta$：$|z|<1$ で正則，かつ $f(\varDelta)\subset\varDelta$，すなわち $|f(z)|<1$ ならば

(A.3)
$$\frac{|dw|}{1-|w|^2}\leq\frac{|dz|}{1-|z|^2}$$

である．そして等号が成立するのは f が $\varDelta$ を不変にする一次変換のときに限る．

証明のために，$z_1\in\varDelta$，$w_1=f(z_1)$ とし z_1，w_1 をそれぞれ原点 $\xi=0$，$\zeta=0$ に写し $\varDelta$ を $\{|\xi|<1\}$ 及び $\{|\zeta|<1\}$ に写す一次変換

$$\xi=T(z)=\frac{z-z_1}{1-\bar{z}_1z},\quad \zeta=S(w)=\frac{w-w_1}{1-\bar{w}_1w}$$

を考えると，合成写像 $\zeta=S\circ f\circ T^{-1}(\xi)$ はシュヴァルツの補題の仮定をみたすから（(6.8)，$M=1$ により）

$$|S\circ f\circ T^{-1}(\xi)|\leq|\xi|,\quad\text{よって}\quad |S\circ f(z)|\leq|T(z)|$$

$z=z_2\in\varDelta$，$w_2=f(z_2)$ とすれば，不等式

(A.4)
$$\left|\frac{w_2-w_1}{1-\bar{w}_1w_2}\right|\leq\left|\frac{z_2-z_1}{1-\bar{z}_1z_2}\right|$$

が $\varDelta$ の任意の二点 z_1，z_2 とその像 w_1，w_2 に対して成立する．$w_2\to w_1=w$ とすると（A.3）をうる．等号についてはシュヴァルツの補題及び（A.1）から分る．（A.3），（A.4）を**シュヴァルツ・ピック**（G. Pick）**の定理**という．なお（A.3）から，或いは（A.4）を（A.2）に代入すれば

$$\rho(w_1,w_2)\leq\rho(z_1,z_2)$$

すなわち，$w=f(z)$ により非ユークリッド距離は非増加である．

(ii)　ポアンカレモデル $\varDelta$ の代わりにしばしば上半平面 H：$\{z|\mathrm{Im}z>0\}$ が用いられる．H における双曲幾何学は $\varDelta$ を H に写す一次変換 (4.11) によって $\varDelta$ のそれからえられる．例えば H における非ユークリッド直線は実軸に直交する円弧であり，H 上のポアンカレ計量は

$$ds=\frac{|dz|}{\mathrm{Im}\ z}$$

である．なお，実 n 次元ユークリッド空間内の半空間 $\{(x_1,\cdots,x_n)|x_n>0\}$ のポアンカレ計量は

$$\frac{|dx|}{x_n}, \quad dx^2 = dx_1^2 + \cdots + dx_n^2$$

と定義され，クライン群の研究に用いられている．

(iii)　$\boldsymbol{C}$ 上の一般な領域或いはリーマン面上のポアンカレ計量は普遍被覆面を用いて定義される．例えば D は境界が 2 点以上からなる平面領域とすると，D の普遍被覆面は単位円板 $\varDelta$ に等角写像される（一意化定理）．このとき射影（被覆写像）$\pi : \varDelta \to D$ は局所等角写像であり，D のポアンカレ計量 $\lambda_D(z)|dz|(z=\pi(s),\ s\in\varDelta)$ は

$$\lambda_D(z)|dz| = \lambda_\varDelta(\zeta)|d\zeta| \quad \text{或いは} \quad (\lambda_D\circ\pi)|\pi'| = \lambda_\varDelta$$

で定義される．その際 $z=\pi(\zeta)$ をみたす ζ の（分枝の）とり方には無関係に定まる．一点 $z\in D$ に対して $\pi(0)=z$ となる π をとると

$$\lambda_D(z) = |\pi'(0)|^{-1}$$

で与えられる．

問 3　(1)　$D_1\subset D_2$ ならば $\lambda_{D_2}(z)\leq\lambda_{D_1}(z)$，$z\in D_1$

(2)　点 $z\in D$ と ∂D との距離を $d(z)$ とすれば，$\lambda_D(z)\geq d(z)^{-1}$．

問 題 解 答

●第1章

1．i）$(1+3i)/2$　　ii）1　　iii）$\pm(\sqrt{\sqrt{2}+1}+i\sqrt{\sqrt{2}-1})/\sqrt{2}$

2．α, β が共に実数か，$\beta=\overline{\alpha}$ のとき

3．i）頂角 $\frac{\pi}{4}$ の角領域　　ii）アポロニウスの円

（境界を含まず）

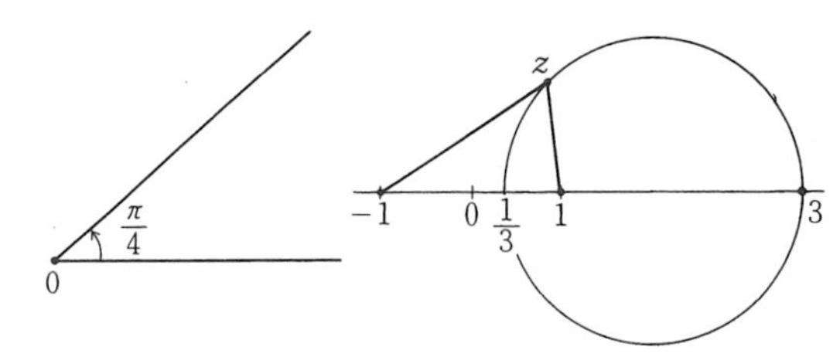

6．i）単位円周の k 等分点

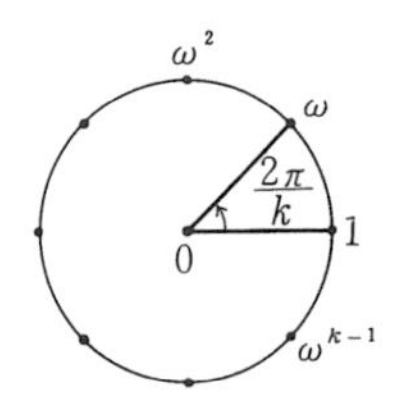

ii）$1+\omega+\cdots+\omega^{k-1}=\dfrac{1-\omega^k}{1-\omega}=0$

7．i）$jz=j(x+iy)=jx+jiy=xj-ijy=\overline{z}j$

ii）$j(z+tj)j^{-1}=\overline{z}jj^{-1}+jtjj^{-1}=\overline{z}+tj$ に注意．xz-平面に関する裏返し．

●第2章

1．$u=x/(x^2+y^2)$，$v=-y/(x^2+y^2)$．等高線は次図のような円群．

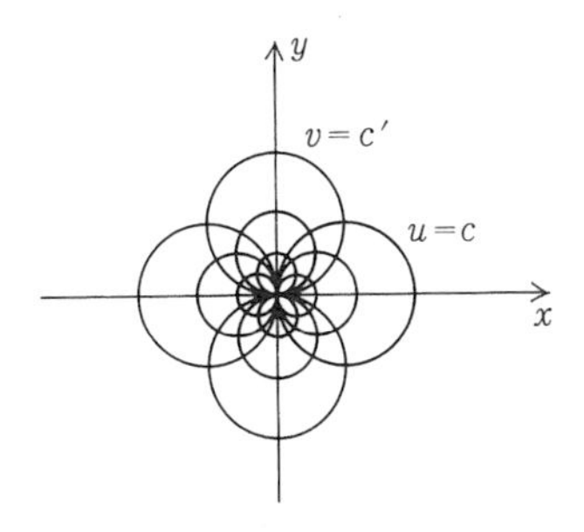

2．$u_r=u_x\cos\theta+u_y\sin\theta$，$u_\theta=-u_xr\sin\theta+u_yr\cos\theta$，$v_r=v_x\cos\theta+v_y\sin\theta$，$v_\theta=-v_xr\sin\theta+v_yr\cos\theta$．これと(8)′から．

3．(i)　$f+\bar{f}$ は正則でその虚部は 0 となる．

(ii)　$\dfrac{\overline{f(\bar{z})}-\overline{f(\bar{c})}}{z-c}=\overline{\left(\dfrac{f(\bar{z})-f(\bar{c})}{\bar{z}-\bar{c}}\right)}\to\overline{f'(\bar{c})}\qquad(z\to c)$.

4．(i)　f は C^1 級ゆえ全微分可能：$f(z)=f(z_0)+f_x(z_0)(x-x_0)+f_y(z_0)(y-y_0)+\eta(z)(z-z_0)$，$\eta(z)\to 0(z\to z_0)$．この式と f_z，$f_{\bar{z}}$ の定義式から　(ii)　$f=u+iv$ とすれば $f_z=\frac{1}{2}[u_x+v_y+i(v_x-u_y)]$, $f_{\bar{z}}=\frac{1}{2}[(u_x-v_y)+i(v_x+u_y)]$ より $|f_z|^2-|f_{\bar{z}}|^2=u_xv_y-u_yv_x$. (iii) 例えば(14)の第一式の左辺$=\frac{1}{2}[g_uu_x+g_vv_x-i(g_uu_y+g_vv_y)]$．右辺は $\frac{1}{4}[(g_u-ig_v)(f_x-if_y)+(g_u+ig_v)(\bar{f}_x-i\bar{f}_y)]$．これを計算すれば左辺の式をうる．

5．$f_z=(K+1)/2$，$f_{\bar{z}}=(K-1)/2>0$，$\mu=f_{\bar{z}}/f_z=(K-1)/(K+1)<1$.

6．$u_x=v_y$，$u_y=-v_x$ をそれぞれ x, y で偏微分，$v_{xy}=v_{yx}$ に注意すれば $\Delta u=0$.

7．(ii)　$\Delta(U\circ f)=4(U\circ f)_{z\bar{z}}=4(U_wf_z+U_{\bar{w}}\bar{f}_z)_{\bar{z}}=4(U_wf_z)_{\bar{z}}=4U_{w\bar{w}}|f_z|^2=\Delta U\cdot|f'(z)|^2$．$\bar{f}_z=\overline{(f_{\bar{z}})}=0$ に注意.

8．c の近傍で，u，v は C^1 級ゆえ，$u(a+h,b+k)=u(a,b)+hA-kB+\eta_1$，$v(a+h,b+k)=v(a,b)+hB+kA+\eta_2$，但し $A=u_x(a,b)=v_y(a,b)$，$B=-u_y(a,b)=v_x(a,b)$，$\eta_j/\sqrt{h^2+k^2}\to 0(h,k\to 0)$．これより $(f(z)-f(c))/(z-c)\to A+iB(h,k\to 0)$，但し $z=c+(h+ik)$.

●第3章

1．$z-1=t$ とおけば $\sum(-1)^n(z-1)^n=\sum(-1)^nt^n=1/(1+t)=1/z$．収束円は $|z-1|=1$.

2．$|z|<R$ なる点 z をとり $|z|=\eta R(\eta<1)$ とおく．$|a_{n+1}|R^{n+1}/|a_n|R^n\to 1(n\to\infty)$ ゆえ $(1+\varepsilon)\eta<1$ なる $\varepsilon>0$ に対して $|a_{n+1}|R^{n+1}/|a_n|R^n<1+\varepsilon(n\geq N)$ より $|a_{N+m}|<(1+\varepsilon)^m|a_N|R^{-m}$，$\sum_{n\geq N}|a_nz^n|\leq|a_N|(\eta R)^N\sum[(1+\varepsilon)\eta]^m<\infty$．$|z|>R$ なら発散する（試みよ）.

3．$e^{z+w}=e^z$ ならば $e^w=1, w=2n\pi i$ である. $\sin(z+w)=\sin z$ ならば $z=\pi/2$ とすると

$\sin\left(\frac{\pi}{2}+w\right)=\cos w=1$. ゆえに $e^{2iw}-2e^{iw}+1=0$, $e^{iw}=1$ よって $w=2n\pi$. $\cos(z+w)=\cos z$ ならば $z=0$ とすると上と同様．逆は明らか．

4．公式（3.10）を使う．

5．$f(z)=z^2$ のとき $f^p(z)=z^{2^p}$，$f^p(\zeta)=\zeta$ をみたす点は $\exp[2\pi im/(2^p-1)]$($0\leq m\leq 2^p-2$)，$|(f^p)'(\zeta)|=2^p>1$ ゆえ ζ は反発的周期点，集合 $\{e^{i\theta}|\theta=2\pi m/(2^p-1),\ 0\leq m\leq 2^p-2,\ \forall p\geq 1\}$ は単位円上で稠密ゆえ $J(f)=$単位円．なお $|z|<1$ ならば $f^k(z)\to 0(k\to\infty)$，$|z|>1$ ならば $f^k(z)\to\infty$．

●第4章

1．前半は定義式より明らか．このような一次変換 T_1, T_2 が存在すれば $T=T_2^{-1}T_1$ は z_i を z_i $(i=1,2,3)$ にうつす一次変換である．すなわち3つの不動点をもつ．よって $T=I$，$T_1=T_2$．

2．(i)　$x_{i+1}-x_i=h_i>0$ とすれば $r=(1+h_1/h_2)/(1+h_1/(h_2+h_3))>1$．

(ii)　$r=[-k,-1,1,k]$，$k>1$ より $k=2r-1+2\sqrt{r(r-1)}$．この k に対し $[z,x_2,x_3,x_4]=[w,-1,1,k]$ より，$w=[(kK-1)z+x_4-kKx_3]/[(K-1)z+x_4-Kx_3]$，$K=2(x_4-x_2)/(1+k)(x_3-x_2)>0$. この一次変換の係数は実数であり，行列式は $K(k-1)(x_4-x_3)>0$ ゆえ H を H にうつす．

3．円 c に関する鏡像点 $-b$，$-r^2/b(r>b>0)$ を，円 C に関しても鏡像になるように，すなわち $(a+b)(a+r^2/b)=R^2$ なるように b をとることができる．このとき $(z+b)/(z+r^2/b)$ が求める一次変換．D の像は同心円環：$b/r<|w|<(a+b)/R$．

4．$w=T(z)$，$|cw-a|=1/|cz+d|$．$I(T^{-1})$ は $|cw-a|=1$．$|cz+d|=1$，>1，<1 に応じて $|cw-a|=1$，<1，>1．

5．T を放物的一次変換，A をその不動点とし，$h=1/(z-A)$ とすれば hTh^{-1} は ∞ を唯一つの不動点にもつ一次変換ゆえ $z+a$ の形をもつ．$a=1$ ならよい．$a\neq 1$ ならば $k(z)=z/a$ で $(kh)T(kh)^{-1}(z)=z+1$．

6．T が有限位数ならば G の相異なる元は有限個ゆえ極限点はない．無限位数ならば，$w=T(z)$ は $(w-A)/(w-B)=e^{i\pi\theta}(z-A)/(z-B)$（$\theta$ は無理数）の形をもつ．整数 $k_n\to\infty$ を $k_n\theta\to 0$ なるようにとると任意の $z\in\boldsymbol{C}$ に対し $T^{k_n}z\to z$．T^{k_n} は相異なるから $z\in L$．

7．T の不動点を α, β とすれば $\alpha+\beta=(a-d)/c$，$\alpha\beta=-b/c$．$k=\dfrac{a/c-\alpha}{a/c-\beta}$ ゆえ $k+1/k=(a+d)^2-2$．$ad-bc=1$ を使う．(別解) $hTh^{-1}=kz$ を正規化すると $\sqrt{k}z/(1/\sqrt{k})$ ゆえ $\mathrm{trace}^2T=\mathrm{trace}^2hTh^{-1}=(\sqrt{k}+1/\sqrt{k})^2=k+1/k+2$．

●第5章

1．(i)　$(1+i)/\sqrt{2}$　　(ii)　$\pi i+2$

2．(i)　0，$[1/(z^2+1)=(1/(z-i)-1/(z+i))/2i$ に注意$]$　　(ii)　$2\pi i(n-1)!$

3．$|z|=1$ に沿う積分は $2\pi i/(1-r^2)$．

4．$\int_{|z|=1} z^n dz=0$（n は整数，$\neq -1$），$\int_{|z|=1} z^{-1}dz=2\pi i$ に注意．p が奇数ならば $I_p=0$．$p=2n$ のとき，$I_p=\dfrac{2\pi}{2^{2n}}\dfrac{(2n)!}{(n!)^2}=2\pi\dfrac{1\cdot 3\cdot\cdots\cdot(2n-1)}{2\cdot 4\cdot\cdots\cdot(2n)}$．

5．前半は $\dfrac{d}{dt}(f(z(t))g(z(t)))=(f'(z(t))g(z(t))+f(z(t))g'(z(t)))z'(t)$ より．後半：ある n に対して(5.14)が成立すると仮定すれば，$f'(z)$ は正則ゆえ $f^{(n+1)}(a)=(f')^{(n)}(a)=\dfrac{n!}{2\pi i}\int_C[f'(z)/(z-a)^{n+1}]dz=\dfrac{(n+1)!}{2\pi i}\int_C[f(z)/(z-a)^{n+2}]dz$　（部分積分により）．

6．(i)　$\varphi'(z)=(-1/\pi)\iint[g(\zeta)/(\zeta-z)^2]d\xi d\eta$，$z\in \boldsymbol{C}-\overline{D}$．

(ii)　z を固定し変数変換 $\zeta-z=w$（$=u+iv$）を行うと，$\varphi(z)=-\pi^{-1}\iint[g(z+w)/w]dudv$．よって $\varphi_{\overline{z}}(z)=-\pi^{-1}\iint[g_{\overline{z}}(z+w)/w]dudv=-\pi^{-1}\iint[g_{\overline{w}}(z+w)/w]dudv=-\pi^{-1}\iint[g_{\overline{\zeta}}(\zeta)/(\zeta-z)]d\xi d\eta$．$D$ を含む円板 K 上で（5.12）を使うと ∂K 上で $g=0$ ゆえ最後の積分は $g(z)$ に等しい．

7．$\int_C f(z)d\overline{z}=-2i\iint_D f_{\overline{z}}(z)dxdy$（(5.9) 参照）．ここで f の代りに $f\overline{f}'$ とおけばよい．

●第6章

1．$|f(z)|$ は連続関数ゆえ E は開．$E=\phi$ ならば $|f(z)|\leq a$，$z\in\boldsymbol{C}$ ゆえ f は定数（リウヴィル）．E が有界ならば E の境界上 $|f|=a$ ゆえ最大値の原理より $|f(z)|<a$，$z\in E$ となり矛盾．

2．帰納法により $f^{(n)}(x)=R_n(x)e^{-1/x^2}\ (x\neq 0)$（但し $R_n(x)$ は有理式），$f^{(n)}(0)=0$ が示される．$f(x)=\sum a_n x^n$ とべき級数展開できるとすれば $a_n=f^{(n)}(0)/n!$ ゆえ $f(x)\equiv 0$ となる．

3．コーシー・リーマン方程式と $\Delta u=0$ より $f(z)$ は正則．D 上で不定積分 $F(z)=\int^z f(\zeta)d\zeta=U+iV$ は存在し $f(z)=F'(z)=U_x-iU_y$．$\therefore U_x=u_x$，$U_y=u_y$．従って $u=U+c=Re(F(z)+c)$．

4．$2\pi u(a)\leq\int_0^{2\pi}u(a+re^{i\theta})d\theta$ の両辺に r をかけ，r について 0 から ρ まで積分する．

5．$|f|$ は劣調和ゆえ前問より，任意の $a\in\boldsymbol{C}$ に対して $|f(a)|\leq(1/\pi\rho^2)\iint_{|z-a|<\rho}|f|dxdy\leq(1/\pi\rho^2)\iint_{\boldsymbol{C}}|f|dxdy$．$\rho\to\infty$ とすれば $f(a)=0$．

6．(i)はコーシーの積分公式から明らか．(ii)　$|\zeta|=R$ 上で $d\zeta=i\zeta d\varphi$ ゆえ，コーシーの積分公式と(i)を用いて，$f(z)=\dfrac{1}{2\pi}\int_0^{2\pi}f(\zeta)\dfrac{\zeta}{\zeta-z}d\varphi=\dfrac{1}{2}f(0)+\dfrac{1}{4\pi}\int_0^{2\pi}f(\zeta)\dfrac{\zeta+z}{\zeta-z}d\varphi$，一方

$|z|<R$ に対し $R^2/\bar{z}$ はこの円の外部にあるから $0=\dfrac{1}{2\pi i}\displaystyle\int_{|\zeta|=R}\dfrac{f(\zeta)}{\zeta-R^2/\bar{z}}d\zeta$，$R^2=\zeta\bar{\zeta}$ とし変形，(i)を用いて $\dfrac{1}{2}\overline{f(0)}=\dfrac{1}{4\pi}\displaystyle\int_0^{2\pi}\overline{f(\zeta)}\dfrac{\zeta+z}{\zeta-z}d\varphi$．これを上式に加えればよい．

●第7章

1．πi　$(z/(z^2+4)=1/2(z-2i)+1/2(z+2i)$，補題を使う)

2．(1)　$1/z^2+1/z+\sum_{n=0}^{\infty}z^n/(n+2)!$　　(2)　$\sum_{n=1}^{\infty}1/z^n$　　(3)　$|2/z|<1$，$|z/3|<1$ ゆえ，$1/5(z-2)-1/5(z+3)=\sum_{n=1}^{\infty}(2^{n-1}/5)/z^n+\sum_{n=0}^{\infty}(-1)^{n+1}z^n/5\cdot3^{n+1}$．

3．$z-c=re^{i\theta}$ とすれば $|f(z)|^2=\sum_{n=-\infty}^{\infty}a_nr^ne^{in\theta}\cdot\sum_{m=-\infty}^{\infty}\overline{a}_mr^me^{-im\theta}$．これを θ について 0 から 2π 迄積分する．右辺は項別積分でき，$\int_0^{2\pi}e^{i(n-m)\theta}d\theta=2\pi$ $(n=m)$，$=0$ $(n\neq m)$ に注意する．後半：右辺 $\geq|a_n|^2r^{2n}$，左辺 $\leq M(r)^2$．

4．$w=e^{iz}$ により $\{-a<\operatorname{Im} z<a\}$ は円環 $\{e^{-a}<|w|<e^a\}$ に写像される．逆関数 $z=-i\log w$ は w が原点のまわりを一周すると z は $z+2\pi$ となるが $f(z+2\pi)=f(z)$ ゆえ，$g(w)=f(-i\log w)$ は $e^{-a}<|w|<e^a$ で一価正則．よってローラン展開により $g(w)=\sum c_nw^n$，$c_n=\dfrac{1}{2\pi i}\displaystyle\int_{|w|=1}\dfrac{g(w)}{w^{n+1}}dw=\dfrac{1}{2\pi}\int_0^{2\pi}f(z)e^{-inx}dx$．

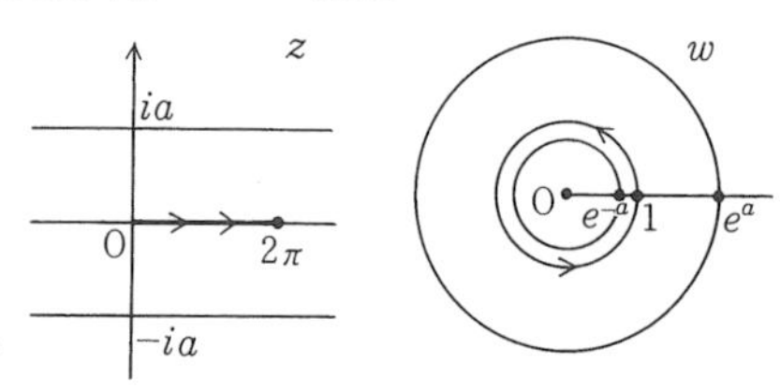

5．$\sin z/z=1-z^2/3!+z^4/5!-\cdots$ ゆえ $z\to0$ のとき極限値をもつことに注意．

6．$f(z)$ のローラン展開を $\sum_{n=-\infty}^{\infty}a_nz^n$ とすると，$|a_{-n}|=\left|\dfrac{1}{2\pi i}\displaystyle\int_{|z|=r}f(z)z^{n-1}dz\right|\leq\dfrac{r^n}{2\pi}\displaystyle\int_0^{2\pi}|f(re^{i\theta})|d\theta$．シュヴァルツの不等式により $|a_{-n}|^2\leq(r^n/2\pi)^2\int_0^{2\pi}|f(re^{i\theta})|^2d\theta\int_0^{2\pi}1\cdot d\theta$．よって $2\pi|a_{-n}|^2/r^{2n-1}\leq\int_0^{2\pi}|f(re^{i\theta})|^2rd\theta$．$r$ について 0 から 1 迄積分すると $2\pi|a_{-n}|^2\int_0^1dr/r^{2n-1}\leq\iint_D|f(z)|^2dxdy$．左辺の積分は $n\geq1$ のとき ∞ になるから $a_{-n}=0$，$n\geq1$．

7．$z=c$ は真性特異点或いは除去可能ではない．また極の位数が m 以外ならその極限値は ∞ か 0 である．

8．$f(z)=1/\sin z$ は $z=n\pi$ $(n=0,\pm1,\pm2,\cdots)$ で 1 位の極をもちそれ以外で正則．$n\pi\to\infty$ ゆえ ∞ は極や正則点ではない．$f(z)$ の A 点は $-i\log(i/A\pm\sqrt{1-1/A^2})+2n\pi$，$n=0,\pm1,\cdots$ $(A\neq0)$．明らかに $f(z)\neq0$ ゆえ除外値は 0 のみ（∞ は除外値では

ない)

9．例えば f の極が D の一点 c に集積すれば (7.10) に矛盾．

10．任意の円板 $\varDelta\subset\bar{\varDelta}\subset D$ で示せばよい．$\partial\varDelta$：$\zeta=\zeta(t)$，γ：$w=w(\tau)$ とパラメータ表示し，コーシーの積分公式を用いると $F(z)$ は t と τ に関する二重積分で表わされる．積分の順序を交換すると $F(z)=\dfrac{1}{2\pi i}\displaystyle\int_{\partial\varDelta}\frac{F(\zeta)}{\zeta-z}d\zeta$，$z\in D$．二変数の連続性から F は連続ゆえ右辺はコーシー型積分，よって $\varDelta$ で正則．後半は $F^{(k)}(z)$ 及び $f^{(k)}(z,w)$ のコーシー積分公式と積分の順序交換．

●第8章

1．(i)　$\pi/2\sqrt{2}$　　(ii)　$2\pi(a-\sqrt{a^2-1})$　[積分は $\dfrac{i}{2}\displaystyle\int_{|z|=1}=\frac{(z^2-1)^2}{z^2(z^2+2az+1)}dz$ に等しく，$|z|<1$ には2位の極 0 と1位の極 $-a+\sqrt{a^2-1}$ がある]　　(iii)　$\pi\log a/2a$，積分路を図のようにとり $\varepsilon\to 0$，$R\to\infty$ とする．

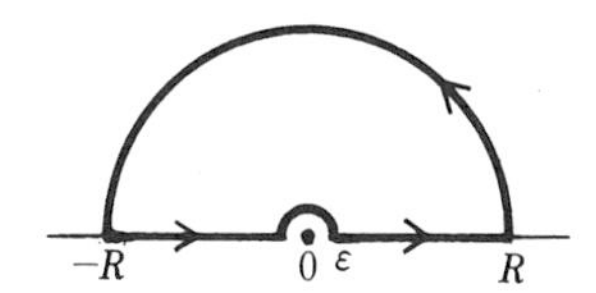

2．$t>0$ ならば $H(t)=1$，$t<0$ ならば $H(t)=-1$，$H(0)=0$．積分路は，$t>0$ のとき図のようにとり $\varepsilon\to 0$，$R\to\infty$ とする．本文IIIの証明参照．$t<0$ のときは下半平面に積分路をとる．後半：$H(1)$ の虚部をとる．$\sin x/x$ は偶関数ゆえ主値をとる必要はない．

3．偏角の原理の証明中の f'/f の式に φ をかけ留数を考えよ．

4．3．で $\varphi(z)\equiv z$，$f(z)$ の代りに $f(z)-w$ ($|w-b|<\delta$) とおく．

5．C の像 $\gamma=f(C)$ は仮定により単一閉曲線となる．$\alpha\in\boldsymbol{C}-\gamma$ に対し $n(\alpha,f)=\dfrac{1}{2\pi}\displaystyle\int_C d\arg(f(z)-\alpha)=\frac{1}{2\pi}\int_\gamma d\arg(w-\alpha)$．$\alpha\in\varDelta$ (γ の内部) か $\alpha\notin\varDelta$ に従って上の積分は1か0に注意．

6．$f=-2z^2$, $g=e^z-1$ とおく．$|z|=1$ 上で $|g(z)|=|\sum_{n=1}^{\infty}z^n/n!|\leq e-1<2=|f(z)|$ ゆえルーシェの定理で $|z|<1$ に2つの解．

7．$P(z)=z^n+a_1z^{n-1}+\cdots+a_n$ とし，$f=z^n$，$g=a_1z^{n-1}+\cdots+a_n$ とする．R が十分大ならば $|z|=R$ 上で $|f(z)|>|g(z)|$ となる．

8．f は D で正則である (p. 61)．f が単葉でないとし，$f(z_1)=f(z_2)=\alpha$，$z_1\neq z_2$ とする．$\alpha=0$ としてよい．z_i の小近傍 U_i を，∂U_i 上で $|f(z)-f_n(z)|<|f(z)|$ なるようにとれるからルーシェの定理により U_i の中に $f_n(z)=0$ の根があり，f_n の単葉性に反する．

●第9章

1．(1) 調和関数は局所的に正則関数の実部ゆえ C^∞ 級．ゆえに $\Delta\partial^{p+q}u/\partial x^p\partial y^q=\partial^{p+q}/\partial x^p\partial y^q(\Delta u)=0$．(2) コーシー・リーマンの関係を見よ．(3) 正則関数のテイラー展開の実部をとる．(4) (2)と正則関数の一致の定理から，

2．e^{-1/z^4} は $z\neq 0$ で正則ゆえ u は $z\neq 0$ で調和．$z=x+iy=re^{i\theta}(\neq 0)$ とすると $u(z)=e^{-(\cos 4\theta)/r^4}\cos\left(\dfrac{\sin 4\theta}{r^4}\right)$．$u(x,0)=e^{-1/x^4}$，$u_x(0,0)=\lim_{h\to 0}(u(h,0)-u(0,0))/h=0$．同様な計算で $u_{xx}(0,0)=u_{yy}(0,0)=0$．一方例えば $\theta=\pi/8$ で $u=\cos(1/x^4)$ は $r\to 0$ のとき極限値をもたない．

3．調和関数 $r^n\cos n\theta$ のポアッソン積分表示

4．不等式 $\dfrac{R-r}{R+r}\leq\dfrac{R^2-r^2}{R^2-2Rr\cos(\varphi-\theta)+r^2}\leq\dfrac{R+r}{R-r}$ とガウスの平均値定理を使う．

5．(i)まず u は D で連続．D の各点の近傍 V で u_n をポアッソン積分表示し $n\to\infty$ とすると，u がポアッソン積分で表わされるから V で調和．(ii) $D_1=\{z|u(z)<\infty\}$，$D_2=\{z|u(z)=\infty\}$ とおくと $D=D_1\cup D_2$，$D_1\cap D_2=\phi$．$v_n=u_n-u_1\geq 0$ にハルナック不等式を使うと $\dfrac{1}{3}v_n(a)\leq v_n(z)\leq 3v_n(a)$，$|z-a|\leq R/2$．これより D_1，D_2 は開集合が分り $D_1=\phi$ か $D_2=\phi$．v_n の不等式から $u_n\to u(<\infty)$（或いは $u_n\to\infty$）の広義一様性も分り(i)により u は D で調和．

6．仮定と本文（9.5）より $D(u)=0$．$\therefore u_x=u_y=0$，$u=$ 定数 0．

7．u が調和ゆえ本文(3)より $D(u-v,u)=\int_C(u-v){}^*du=0$．

$D(v)=D(u)+2D(u,u-v)+D(u-v)$ ゆえ $D(v)-D(u)=D(u-v)\geqq 0$．等号は $u=v$ のときのみ．

8．$U_\rho=\{|z-a|<\rho\}\subset\overline{U}_\rho\subset D$ とすると（9.3）から，任意の $0<r\leq\rho$ に対して $\iint_{U_r}\Delta u\,dxdy=\int_{\partial U_r}{}^*du=\int_0^{2\pi}\dfrac{du}{dr}rd\theta$．よって $\Delta u\geq 0$ ならば $\dfrac{d}{dr}\int_0^{2\pi}u(a+re^{i\theta})d\theta\geq 0$．積分すれば u の劣調和性が分る．逆に u が劣調和で，ある点で $\Delta u<0$ ならば，u は C^2 級ゆえその近傍で $\Delta u<0$．よって前半の式から u はそこで優調和になり矛盾．

●第10章

1．$F(z)=\begin{cases}f(z), & |z|\leq 1\\ R^2/\overline{f(1/\overline{z})}, & |z|\geq 1\end{cases}$ とおく．$|z|<1$ での f の零点を $\{a_i\}$，極を $\{b_j\}$ とすると F は $\boldsymbol{C}$ 上で有限個の点 $\{b_j\}$，$\{1/\overline{a}_i\}$ で極をもつ有理関数になる（鏡像の原理）．

2．(i) $F=f\circ\varphi$ は鏡像の原理により線分 (a,b) を越えて解析接続される．そして $f=F\circ\varphi^{-1}$ を考える．

(ii) $f(z)$ は γ 上でも正則ゆえ一致の定理により $f\equiv C$．

3．f は鏡像の原理により $(-\infty,a)$ を越えて解析接続され $\overline{f(z)}=f(\overline{z})$，$z\in\boldsymbol{C}-[a,$

$+\infty]$. 図のような積分路で f のコーシーの積分公式を考え $R\to\infty$ とする. $|z|=R$ 上の積分は $\to 0$ ($R\to\infty$). $\lim_{\varepsilon\to+0}[f(x+i\varepsilon)-f(x-i\varepsilon)]=2i\,\mathrm{Im}\,f(x)$ に注意.

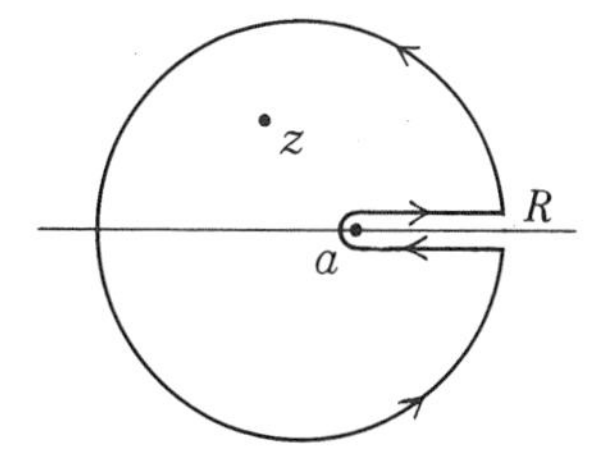

4. a, b, c が相異なり線分 $\overline{ab}$, $\overline{c\infty}$ は交わらないとき, $\overline{ab}$, $\overline{c\infty}$ に沿って3枚の平面が交叉する. 他は $\overline{0\infty}$ に沿って無限枚の平面が連続的に接合した面, 位相的にはトーラス ($a=b\neq c$ のときは球面) 及び球面から1点を除いた面.

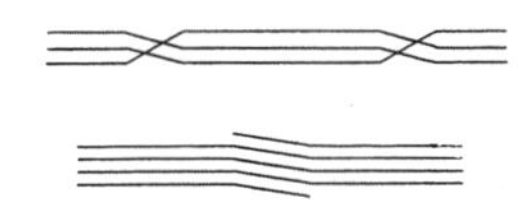

5. 面がコンパクトゆえ $|f|$ が最大値をとる点がある. その点の局所近傍で最大値の原理を使う.

●第11章

1. $h(w)=g\circ f^{-1}(w)$ は $|w|<1$ で正則, $|h(w)|<1$, $h(0)=0$ ゆえシュヴァルツの補題により $1\geq|h'(0)|=|g'(z_0)/f'(z_0)|$. 等号は $h(w)=e^{i\theta}w$ のときに限る.

2. $w=1/2\left[\frac{1}{2}\left(z+\frac{1}{z}\right)-1\right]$ と変形し合成写像の値域をしらべる.

3. $w=f(z)$: $\boldsymbol{C}\to\boldsymbol{C}$ のとき, 任意の $G>0$ に対し円板 $|w|<G$ の逆像を含む円板 $|z|<R$ を考えると, f の単葉性から $|z|>R$ で $|f(z)|>G$, すなわち $|f(z)|\to\infty$ ($z\to\infty$), よって ∞ は f の1位の極となり f は有理関数 $az+b$. f : $\varDelta\to\varDelta$ のとき, $f(0)=0$ としてよい. シュヴァルツの補題から $|f'(0)|\leq 1$. f^{-1} に対して同様に $1\geq|(f^{-1})'(0)|=1/|f'(0)|$, よって等号で $f\equiv e^{i\theta}z$.

4. $f(z)=\sum_{n=1}^{\infty}a_nz^n$, $|z|<r\,(<R)$ の2点 z_1, z_2 に対して $\left|\frac{f(z_1)-f(z_2)}{z_1-z_2}\right|>|a_1|-\sum_{n=2}^{\infty}n|a_n|r^{n-1}$ の右辺が ≥ 0 となる r の上限を求めればよい. コーシーの係数評価 $|a_n|\leqq M/R^n$ より $\sum_{n=2}^{\infty}n|a_n|r^{n-1}\leq\frac{M}{R}\left[\left(1-\frac{r}{R}\right)^{-2}-1\right]$. この右辺を $=|a_1|$ とする r を求める.

5. 図のような領域について例3と同様にシュヴァルツの鏡像の原理を使う. $z_1=-\bar{z}$, $z_2=z+2$, $z_2'-\frac{1}{2}=\left(\frac{1}{2}\right)^2\Big/\overline{\left(z_1-\frac{1}{2}\right)}$ より $z_2'=\frac{z}{2z+1}$. $\lambda(z)=\lambda(z_2)=\lambda(z_2')$. このような操作が無限回行える.

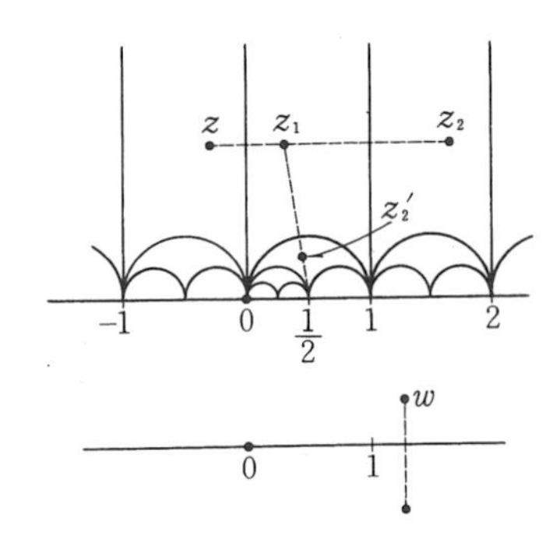

●第12章

1．$f(z)\neq 0$ ゆえ $g(z)=\log f(z)$（log は主枝）は $\boldsymbol{C}$ で一価正則で $f=e^g$.

2．各 a_n で1位の零点をもち，それ以外で $\neq 0$ なる D 上の正則関数を g とする．各 a_n の近傍で $g(z)=(z-a_n)g_1(z)$，g_1 は正則で $g_1(a_n)=b_n\neq 0$．次に各 a_n で特異性 $c_n/b_n(z-a_n)$ をもつ D 上の有理型関数を $h(z)$ とすると $f=gh$ は D で正則で $f(a_n)=c_n$.

3．仮定より $|a_n|\to 1$．$u_n(z)=\dfrac{\overline{a}_n}{|a_n|}\dfrac{a_n-z}{1-\overline{a}_nz}$ とおくと $1-u_n=\dfrac{1-|a_n|}{|a_n|}\dfrac{|a_n|+\overline{a}_nz}{1-\overline{a}_nz}$．$|z|\leq r<1$ に対して $|a_n|\geq 1-r$，$(n>N)$ とすると $|1-u_n|\leq 2(1-|a_n|)/(1-r)^2$．よって $\sum_{n>N}|\log u_n(z)|=\Sigma|\log(1-(1-u_n))|<2(1+\varepsilon)(1-r)^{-2}\Sigma(1-|a_n|)$（∵　$|w|$ が十分小ならば $\left|\dfrac{\log(1-w)}{w}\right|<1+\varepsilon$）．$\Sigma\log u_n(z)$ は $|z|\leq r$ で一様収束し $B(z)=(\prod_{n\leq N}u_n(z))\exp(\sum_{n>N}\log u_n(z))$ は $|z|<r$ で正則．$r<1$ は任意ゆえ $B(z)$ は $\varDelta$ で正則で $\{a_n\}$ を丁度その零点にもつ．$|u_n(z)|<1$ ゆえ $|B(z)|\leq 1$，$z\in\varDelta$．$\varDelta$ の内部では最大値原理により $|B(z)|<1$.

4．$\{f_n\}$ の適当な部分列 $\{f_{n_k}\}$ は D で広義一様に正則関数 f_0 または ∞ に収束する．前者のとき，円 $|z|=r(<R)$ 上で $|f_{n_k}(z)-f_0(z)|<\varepsilon$，$(k<k_0)$．よって $|f_{n_k}(z)|<M$，$|z|=r$ すなわち $|f(z)|<M$，$|z|=r/n_k$ $(k>k_0)$．これより0は除去可能．後者の場合，$f(z/n_k)=f_{n_k}(z)\to\infty$ $(n_k\to\infty)$，$|z|=r$ ゆえ f は $0<|z|<\rho$ で零点をもたず，また $r/n_{k+1}<|z|<r/n_k$ で最大値原理より $|1/f(z)|<\varepsilon$ $(k>k_0)$ これより $f(z)\to\infty$ $(z\to 0)$ が分り0は極.

5．(i)　$\mu(z)=0$, $z\in\boldsymbol{H}\cup\boldsymbol{R}$ と定義し基本定理を使う．$\boldsymbol{H}$ では $f_{\bar z}=0$ *a.e.* ゆえ等角写像になる（p. 140(iii)）

(ii)　$\boldsymbol{R}$ 上で $w^\mu=w^\nu$ ならば $f(z)=(w^\mu)_0^{-1}w^\nu(z)$, $(z\in H)$, $f(z)=z(z\in\boldsymbol{H}\cup\boldsymbol{R})$ と定義すると f は $\boldsymbol{C}$ から $\boldsymbol{C}$ への qc になる．ゆえに $g=w_\mu\circ f\circ w_\nu^{-1}$ も $\boldsymbol{C}$ で qc．さらに $1-qc$ が分る((12.10)より)．従って g は一次変換で，3点を固定するから恒等変換，ゆえに $\boldsymbol{H}$ で $w_\mu=w_\nu$．逆に $\boldsymbol{H}$ で $w_\mu=w_\nu$ ならば，$\boldsymbol{H}\cup\hat{\boldsymbol{R}}$ で $w_\mu=w_\nu$．ゆえに $w^\mu\circ w_\mu^{-1}\circ w_\nu\circ(w^\nu)^{-1}$ は H を H うつす $\hat{\boldsymbol{C}}$ から $\hat{\boldsymbol{C}}$ への qc で，上と同様にして恒等写像であることが分る．よって $\boldsymbol{R}$ 上で $w^\mu=w^\nu$.

●付　録

1．$\overline{\lim}(c_{n+1}/c_n)=M(<\infty)$ とすれば $c_{n+1}/c_n<M+\varepsilon(n>N)$ ゆえ $c_n=c_N\dfrac{c_{N+1}}{c_N}\cdots\dfrac{c_n}{c_{n-1}}$ $<(M+\varepsilon)^{n-N}c_N$，$\sqrt[n]{c_n}<(M+\varepsilon)(M+\varepsilon)^{-N/n}c_N^{1/n}$．よって $\overline{\lim}\sqrt[n]{c_n}\leq M+\varepsilon$．$\varepsilon\to0$

2．一点はコンパクト集合ゆえ $0<d(p,E)<\infty$．定義から $|q_n-p|\to d(p,E)$ なる $q_n\in E$ が存在する．$\{q_n\}$ の集積点の一つを q とすれば $q\in E$ でかつ $|q-p|=d(p,E)$．

3．(1)　$\pi_i:\varDelta\to D_i,\ \pi_i(0)=z\ (i=1,2)$ とする．$g=\pi_2^{-1}\circ\pi_1$ は一価性定理により $\varDelta$ 上一価正則．$g(0)=0$ ととればシュヴァルツの補題から $|g'(0)|\leq1$．ゆえに $|\pi_1'(0)|\leq|\pi_2'(0)|$．

(2)　$D_1=\{w\,||w-z|<d(z)\}$ とすると $D_1\subset D$，$\lambda_{D_1}(z)=1/d(z)$．

索　引

D

E

F

G

L

M

T

U

V

W

Y

Z

MEMO

MEMO

MEMO

著者紹介：

楠　幸男（くすのき・ゆきお）

1948 年　京都大学理学部数学科卒業
1965 年　京都大学理学部教授
1989 年　京都大学名誉教授　理学博士
著　書：解析函数論（廣川書店）
応用常微分方程式，無限級数入門，函数論－リーマン面と等角写像－（朝倉書店）
現代の古典　複素解析（現代数学社），複素解析学特論（共著，現代数学社）

新装版 現代の古典 複素解析

1992 年 10 月 16 日　初　版 1 刷発行
2020 年　9 月 23 日　新装版 1 刷発行

著　者　楠　幸男
発行者　富田　淳
発行所　株式会社　現代数学社
〒 606-8425 京都市左京区鹿ヶ谷西寺ノ前町 1
TEL 075 (751) 0727　FAX 075 (744) 0906
https://www.gensu.co.jp/

装　幀　中西真一（株式会社 CANVAS）

印刷・製本　亜細亜印刷株式会社

ISBN978-4-7687-0542-1